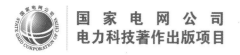

国家电网公司
电力科技著作出版项目

U0168821

大功率电力电子装备超薄取向硅钢

检测评估技术

主　编　巩学海

副主编　陈　新　韩　钰

中国电力出版社

CHINA ELECTRIC POWER PRESS

内 容 提 要

为了提高我国超薄取向硅钢的应用水平,促进电力电子装备向大功率、高效率方向发展,本书在阐述铁磁学与超薄取向硅钢基本知识的基础上,研究了超薄取向硅钢磁性能测量方法,系统阐述了使用爱泼斯坦方圈测量超薄取向硅钢磁性能涉及的问题及影响,概述了一种改进型单片测量装置的原理及存在的问题。结合电力电子装备的复杂工况,以进口超薄取向硅钢(GT100)及普通厚度取向硅钢(23QG100)为例,揭示了温度、频率、谐波及脉宽调制波形等工况对硅钢磁滞行为、损耗特性的影响,丰富了超薄取向硅钢的性能数据。对国内外常用超薄取向硅钢的性能进行了评估,指出了二者在性能上的差距。结合脉冲变压器及直流换流阀用饱和电抗器的特点,简述了超薄取向硅钢的应用情况。

本书可供电气工程领域及材料领域从事工程研究、产品设计和应用的科技工作者使用,也可作为高等院校电气工程专业与材料专业师生的参考用书。

图书在版编目(CIP)数据

大功率电力电子装备超薄取向硅钢检测评估技术/巩学海主编. —北京:中国电力出版社,2020.1
ISBN 978-7-5198-3832-4

Ⅰ.①大… Ⅱ.①巩… Ⅲ.①电子装备–取向硅钢–检测–技术评估
Ⅳ.①TN97

中国版本图书馆 CIP 数据核字(2019)第 250689 号

出版发行:	中国电力出版社
地　　址:	北京市东城区北京站西街 19 号(邮政编码 100005)
网　　址:	http://www.cepp.sgcc.com.cn
责任编辑:	王春娟　赵　杨(010-63412287)
责任校对:	黄　蓓　常燕昆
装帧设计:	张俊霞
责任印制:	石　雷

印　　刷:	三河市万龙印装有限公司
版　　次:	2020 年 1 月第一版
印　　次:	2020 年 1 月北京第一次印刷
开　　本:	880 毫米×1230 毫米　32 开本
印　　张:	6.25
字　　数:	162 千字
印　　数:	0001—1000 册
定　　价:	68.00 元

《大功率电力电子装备超薄取向硅钢检测评估技术》

编 委 会

主　　编　巩学海

副主编　陈　新　韩　钰

编写人员　刘　洋　杨富尧　马　光　高　洁

　　　　　何承绪　吴　雪　程　灵

超薄取向硅钢是大功率电力电子装备中应用最为广泛的软磁材料之一。由于高端超薄取向硅钢的制备长期受国外垄断，我国缺少相应的制备技术与复杂工况下的测量技术，对超薄取向硅钢材料及性能的掌握不够充分，因此超薄取向硅钢在我国大功率电力电子装备中的应用与发展受到了限制。

国外对于中频超薄取向硅钢的研究及应用始于 20 世纪 50 年代，最早由美国发明并推广应用。目前中频超薄取向硅钢生产制造的核心技术主要由美国 Armco 公司、英国 BSC 公司、日本金属公司等企业掌握。相比国外，我国对于中频超薄取向硅钢的研究起步较晚，早期北京钢铁研究总院采用全工艺流程制备超薄取向硅钢带材，近年来北京科技大学和东北大学分别在实验室制备出超薄带材，在工业方面虽然有一些企业具备小批量带材的制备能力，但在带材表面、铁损、绝缘涂层等方面与日本产品仍有很大差距，尚不能满足在电网等高端领域应用的需要。高性能电力电子装置用超薄取向硅钢及铁心全部依赖进口。

众所周知，材料的发展源于需求的牵引。我国中频超薄取向硅钢的发展滞后，是由于国内在材料基础理论、测试与评估及应用等领域均滞后于国外发达国家。大功率电力电子装备运行在非正弦的复杂运行工况下，对中频超薄取向硅钢的性能要求严苛，采用传统的正弦工况测试技术已经不能有效、准确地评估出材料在电力电子装备复杂运行工况下的性能。目前，我国对中高频软磁材料性能的测试仍集中在传统的正弦磁化工况，无法为中频超薄取向硅钢的发展提供必要的指导。而德国、日本及比利时等国已掌握非正弦工况下软磁材料性能测试方法，针对电力电子装备的运行工况，能够牵引材料各项性能指标向满足装备实际运行工况的应用需求方向发展，使中频超薄取向硅钢材料得到了长足发展，高端产品处于垄断地位。

因此，为了能准确评估大功率电力电子装备用中频超薄取向硅钢的电磁性能，促进我国中频超薄取向硅钢材料制备及应用的快速发展，打破国外技术垄断，中华人民共和国工业和信息化部立项"大功率电力电子装备用中高频磁性元件关键技术"智能电网专项国家科技项目，通过研究不同的测试方法、测试工况，实现对材料性能的全方位评估，力图掌握材料在大功率电力电子装备运行工况下的测试评估技术和相关技术指标。

本书内容是依据该项目的研究成果编写的，详细阐述了大功率电力电子装备超薄取向硅钢检测评估技术，主要内容包括铁磁学基础与超薄取向硅钢磁性能影响因素、使用爱波斯坦方圈测量中频超薄取向硅钢磁性能、使用改进单片装置测量中高频超薄取向硅钢磁性能、不同运行工况下超薄取向硅钢磁性能测量、中频超薄取向硅钢综合性能评估、中频超薄取向硅钢的应用。本书第1章由巩学海、高洁、杨富尧编写，第2章由巩学海、陈新、韩钰、刘洋编写，第3章由刘洋、杨富尧、马光编写，第4章由刘洋、何承绪、程灵编写，第5章由巩学海、刘洋、吴雪编写，第6章由巩学海、陈新、韩钰、刘洋编写。本书由巩学海主编，陈新、韩钰进行统稿。本书在编写过程中得到了作者所在单位全球能源互联网研究院电工新材料所和同行专家的大力支持和帮助。特在此表示衷心的感谢。

本书可供电气工程领域及材料领域从事工程研究、产品设计和应用的科技工作者使用，也可作为高等院校电气工程专业与材料专业师生的参考用书。

由于编者水平和经验有限，书中难免存在一些不足之处，恳请各位专家和读者批评指正。

编　者
2019 年 11 月

目录
Contents

前言

第1章 铁磁学基础与超薄取向硅钢磁性能
影响因素 ·· 1

  1.1　概述 ··· 1

  1.2　磁学基本参数 ······································· 1

  1.3　铁磁性物质的基本特点 ················· 3

  1.4　铁磁性物质的磁化机制 ················· 4

  1.5　影响超薄取向硅钢铁磁材料特性的
　　　主要因素 ······································· 10

第2章 使用爱泼斯坦方圈测量中频超薄
取向硅钢磁性能 ······························· 20

  2.1　爱泼斯坦方圈测量方法与测量系统 ········· 21

  2.2　多种因素对中频超薄取向硅钢磁性能测量
　　　与波形系数的影响 ······················· 24

  2.3　本章小结 ··· 39

第3章 使用改进单片装置测量中高频超薄
取向硅钢磁性能 ······························· 41

  3.1　改进的双轭双片硅钢材料磁性能测量
　　　装置 ··· 42

  3.2　传统结构与改进结构的仿真对比 ··········· 43

  3.3　使用改进双轭双片结构测量超薄取向
　　　硅钢的磁性能 ······························· 45

  3.4　本章小结 ··· 47

第 4 章　不同运行工况下超薄取向硅钢磁性能
测量 ··· **48**

　4.1　不同温度条件下超薄取向硅钢磁性能测量 ············· 48

　4.2　不同磁化条件下超薄取向硅钢磁性能测量 ··········· 54

　4.3　本章小结 ······································· 134

第 5 章　中频超薄取向硅钢综合性能评估 ············· **137**

　5.1　中频超薄取向硅钢综合性能评估方法 ················· 137

　5.2　中频超薄取向硅钢综合性能评估结果 ················· 138

　5.3　本章小结 ······································· 165

第 6 章　中频超薄取向硅钢的应用 ····················· **166**

　6.1　中频超薄取向硅钢在脉冲变压器中的应用 ··········· 166

　6.2　中频超薄取向硅钢在直流换流阀用饱和电抗器
　　　中的应用 ······································· 170

　6.3　本章小结 ······································· 174

附录 A　23QG100 与 GT100 超薄取向硅钢退磁前后的磁
　　　性能测量数据 ····································· 175

附录 B　使用不同匝数爱泼斯坦方圈测得的 23QG100 普通
　　　取向硅钢与 GT100 超薄取向硅钢磁性能测量数据 ··· 183

附录 C　不同重量 GT100 超薄取向硅钢磁性能测量数据 ····· 185

参考文献 ··· 187

索引 ··· 190

第1章

铁磁学基础与超薄取向硅钢磁性能影响因素

1.1 概述

铁磁性物质的特点在于具有强的磁性，在小于数千安/米的磁场就可以达到饱和磁化状态，且铁磁性物质的饱和磁化强度或饱和磁感应强度会随温度升高而下降。当达到一定温度时，饱和磁化强度或饱和磁感应强度下降为零，铁磁性消失转变为顺磁性，改磁性的转变温度称为居里温度（T_c），纯铁的居里温度为768℃。

根据矫顽力的大小，铁磁性材料一般分为软磁材料和永磁（硬磁）材料。超薄取向硅钢为一种典型的软磁材料。

1.2 磁学基本参数

任何运动电荷都会在其周围空间激发磁场，而在磁场中其他运动的电荷则会受到该磁场垂直于电荷运动方向的作用力，称为磁场力。磁感应强度 B 表示置于特定介质的磁场中某点磁场的强弱，该物理量的单位为 T（$1Wb/m^2$）。磁感应强度 B 是矢量，方向为同时垂直于磁场力方向和电荷运动方向的第三个方向，可用右手定则确定。

在磁场中通过给定曲面面积 A 的总磁感应强度线数称为通过该曲面的磁通量，用 Φ 表示，单位为 Wb（$1Wb=1Vs$），因此有

$$\Phi = \iint_A B \mathrm{d}A \tag{1-1}$$

对均匀磁场有

$$B = \frac{\Phi}{A} \tag{1-2}$$

磁感应强度 B 值与磁场所在的介质有关，因此需要一个与介质无关的物理量来表示磁场强弱，即磁场强度，用 H 表示，单位为 A/m。磁感应强度与磁场强度的关系可表达为

$$B = \mu H \tag{1-3}$$

式中：μ 为磁导率，用来衡量外磁场下介质的导磁能力，H/m（1H/m = 1Ω·s/m）。

真空的磁导率 μ_0 为一常数，且有

$$\mu_0 = 4\pi \times 10^{-7} \tag{1-4}$$

任一介质的磁导率 μ 都可与真空的磁导率 μ_0 比较，其无量纲比值称为相对磁导率 μ_r，即有

$$\mu_r = \frac{\mu}{\mu_0} \tag{1-5}$$

任何材料在外磁场作用下都会或大或小地显示磁性，这种现象称为材料被磁化，在一些情况下还需要运用到磁化强度 M 的概念来表示磁场介质被外磁场磁化的程度，其单位也是 A/m，且有

$$\begin{cases} M = \chi H \\ \mu_r = 1 + \chi \\ B = \mu_0(M + H) \end{cases} \tag{1-6}$$

式中：χ 为磁化率，无量纲。

从式（1-6）可以看出，材料内部的磁感应强度 B 可看成由两部分叠加而成：一部分是材料对磁化引起的附加磁场的反应 $\mu_0 M$，即磁极化强度 J；另一部分是材料对自由空间磁场的反应 $\mu_0 H$。

表 1-1 列出了基本磁学参数及其单位。

表 1－1　　　　　　　　基本磁学参数及其单位

物理量	磁感应强度	磁通量	磁场强度	磁导率	真空磁导率	相对磁导率	磁化强度	磁化率	磁极化强度
符号	B	Φ	H	μ	μ_0	μ_r	M	χ	J
单位	T	Wb	A/m	H/m	H/m	—	A/m	—	T

1.3　铁磁性物质的基本特点

外磁场以磁场强度 H 作用于相对磁导率 μ_r 值远大于 1 的介质时，会获得很高的磁感应强度 B，这种物质即为铁磁性物质。铁基铁素体组织的相对磁导率远大于 1，工业纯铁的最大 μ_r 值为 5000，高硅电工钢的最大 μ_r 值为 8000，取向硅钢经特殊处理后最大 μ_r 值超过 10 000，甚至可达到 50 000，因此铁基铁素体组织或铁基合金是典型的铁磁性物质。

需要指出的是，铁磁性物质的磁导率 μ 并不是常数，它随磁场强度 H 的变化呈非线性变化，$\mu-H$ 曲线如图 1－1 所示。其中的 μ_i 为起始磁导率，是 $B-H$ 曲线起始的斜率，$i=\lim\limits_{H\to 0}\dfrac{B}{H}$。为方便起见，在应用中常规定在 $H=0.08\text{A/m}$ 或 $H=0.4\text{A/m}$ 的磁导率为 μ_i。μ_m 为 $\mu-H$ 曲线上磁导率的最大值。

铁磁性物质在磁场方向发生改变时出现磁滞现象，$B-H$ 曲线如图 1－2 所示。将铁磁合金磁化后逐步降低直至切断外磁场，则磁感应强度也会随之

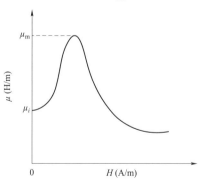

图 1－1　$\mu-H$ 曲线

降低，称为退磁过程；但完全切断外磁场，即 $H=0$ 时磁感应强度并不为 0，而是仍保留一定 B_r 值，称为剩磁。要使磁感应强度降为 0，则需要施加一个反向磁场，使磁感应强度降为 0 的反向磁场

为$-H_c$，H_c称为矫顽力。继续增加反向磁场强度可使铁磁合金反向磁化至反向磁饱和强度$-B_s$。降低并切断反向磁场会残留反向剩磁$-B_r$，施加正向磁场至矫顽力H_c可再次消除剩磁$-B_r$。这种磁感应强度变化落后于磁场强度变化的现象即为磁滞现象。图1-2中H_s为磁饱和强度B_s对应的磁场强度值。

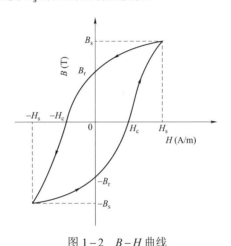

图1-2　$B-H$曲线

1.4　铁磁性物质的磁化机制

1.4.1　铁磁性原子的自发磁化

在 Fe、Co、Ni 类铁磁性材料的晶体中，电子的外层轨道由于受到晶格场的作用，方向是变动的，不能产生联合磁矩，对外不表现磁性，即这些电子轨道磁矩被冻结了，因此在晶体中这些原子的轨道磁矩对原子总磁矩没有贡献。原子的磁性只能来源于未填满壳层中电子的自旋磁矩。Fe、Co、Ni 均为 3d❶壳层未填满的元素。

---

❶　元素原子有 7 个壳层，电子在壳层中有序排列，优先排入能力较低的壳层。每个壳层又分为 4 个亚层，即 s、p、d、f 4 个亚层。s 有 1 条轨道，p 有 3 条轨道，d 有 5 条轨道，f 有 7 条轨道，3d 即 d 亚层的第 3 条轨道。

　　以下以铁磁性物质 Fe 为例进行说明。在 Fe 基固溶体晶体中，大量的 Fe 原子以规则排列的形式堆砌，当孤立的 Fe 原子相互接近到一定距离时，原子间产生交互作用能，Fe 原子以体心立方晶体结构排列，此时能量状态最稳定。Fe 晶体内相邻原子的 3d 电子会以 $10^{-8}s^{-1}$ 的频率交换位置，原子间交互作用能中还包含有相邻原子中 3d 层电子间的交互作用能，称为交换能 E_{ex}。设晶体内各原子 3d 电子的自旋角动量为 σ，则交换能 E_{ex} 可表达为

$$E_{ex} = -2A_e\sigma^2 \cos\phi \qquad (1-7)$$

式中：ϕ 为相邻原子 3d 电子自旋磁矩的夹角；A_e 为与相邻原子 3d 电子换位能量对应的交换积分常数，铁晶体的 $A_e > 0$。

　　从式（1-7）可以看出，当 $\phi = 0$ 时，交换能 $E_{ex} < 0$ 最低，即铁晶体内相邻原子的磁矩互相同向平行时，能量状态最为稳定。因此在没有外磁场影响的条件下，铁磁晶体中相邻原子的磁矩会自发排列为磁矩互相平行的有序状态，即产生了自发磁化的铁磁性，铁磁晶体中的自发磁化示意图如图 1-3 所示。如果交换积分常数 $A_e < 0$，则自旋磁矩相互反平行排列时的能量最低，由此产生反铁磁性或亚铁磁性。

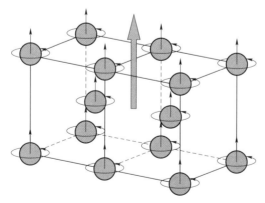

图 1-3　铁磁晶体中的自发磁化示意图

1.4.2 磁畴结构及磁化过程中的磁畴演变

铁磁材料（或亚铁磁材料）在居里温度以下，在单晶体或多晶体的晶粒内形成很多小区域，每个小区域内的原子磁矩沿特定方向排列，呈现均匀的自发磁化，这种自发磁化的小区域称为磁畴。由于各个磁畴的磁化方向不同，所以大块磁铁对外不显示磁性。磁畴的概念首先由韦斯以假说的形式于 1907 年提出，后因1931 年比特用粉纹法直接观察到磁畴图案（也称 Bitter 图案）而被证实。1932 年，布洛赫在理论上证明两个相邻磁畴之间存在一个过渡层，并将它称为畴壁（也称 Bloch 壁），磁畴及磁壁示意图如图 1-4 所示。

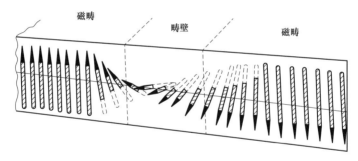

图 1-4 磁畴及畴壁示意图

磁畴的形状和尺寸、畴壁的类型与厚度总称为磁畴结构。对于同一种材料，如果磁畴结构不同，则其磁化行为也不同。磁畴结构会受到交换能、各向异性能、磁弹性能、磁畴壁能、退磁能的影响。平衡状态下的磁畴结构，上述能量之和应具有最小值。在多晶体中，每一个晶粒都可能包括多个磁畴，在一个磁畴内磁化强度一般都沿晶体的易磁化方向。由于相邻晶粒的取向通常不相同，其易磁化方向往往互相之间没有规则的关系，多晶体磁畴示意图如图 1-5 所示。材料的磁化过程就是在外磁场作用下磁畴的运动变化过程，也就是外加磁场把铁磁材料中经自发磁化形成的各磁畴的磁矩转移到外磁场方向或接近外磁场方向，从而显示磁性的过程。

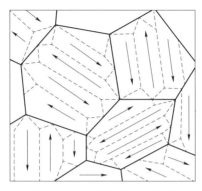

图 1-5　多晶体磁畴示意图

在外磁场作用下磁畴结构发生改变的方式主要是通过畴壁移动和磁畴内自发磁化矢量转动（简称磁畴转动）实现的。任何磁性材料的磁化和反磁化都是通过这两种方式来实现的。畴壁位移在本质上是靠近畴壁的磁矩局部转动过程，磁化都是先从畴壁移动开始，再进行磁畴转动。整个磁化过程按磁化曲线和磁畴结构的变化大致可分为以下三个阶段：

（1）畴壁可逆移动。在外磁场 H 较小时，与 H 方向相近的磁畴体积通过畴壁移动而增大，与 H 方向相反或方向相差较多的磁畴则缩小，这样开始磁化。当 H 减为零时，畴壁又退回原地，即磁畴结构仍恢复原状并失去磁性。

（2）畴壁不可逆移动。随着 H 增大，磁化曲线上升很快，磁化强度急剧增高。最后整个试样中不存在畴壁，而合并成一个磁畴，但其磁化方向与 H 不一致。在此阶段畴壁移动是巴克豪森（Barkhausen）跳跃式的。此过程为不可逆的，也就是 H 将为零时，畴壁位置不再恢复到原来状态。

（3）磁畴转动。随着 H 继续增大，由于畴壁移动已结束，此时靠磁畴磁矩往 H 方向转动才能使磁化强度继续增大，直到磁畴

磁化矢量转到与 H 方向完全一致而达到饱和磁化为止。

图 1-6 展示了 Fe-3%Si 多晶体合金磁化曲线及磁畴演变的过程。

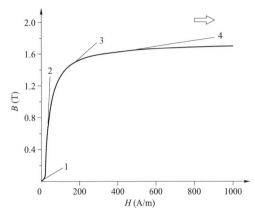

图 1-6　Fe-3%Si 多晶体合金磁化曲线及磁畴演变过程示意图

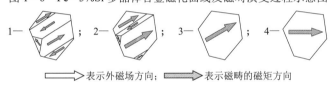

在畴壁移动或磁畴转动过程中都会受到阻力。畴壁移动的阻力主要来自内应力（点阵畸变、晶界、加工应变、热应变、夹杂物和杂质元素等都产生内应力）和磁致伸缩的作用。而磁畴转动过程的阻力来自于磁晶各向异性。

1.4.3　在交变磁场中的磁化

铁磁性材料的实际磁化磁场极少是直流或缓慢变化的准静态磁场，而是磁感应强度 B 和磁场强度 H 之间存在相位差的交变磁场。即铁磁材料在磁化过程中加一定的磁场 H 后，它的磁化状态并不能立即达到最终值，而需要一个时间过程，也就是弛豫过程，由此引起的附加损耗使交流下的磁滞回线面积加大，其形状和大小也随磁场频率改变而改变。

　　设交变磁场中磁场强度幅值为 H_m，磁感应强度幅值为 B_m。以幅值 H_m 作为一个周期的交流磁化时可形成交流磁滞回线。采用不同的 H_m 值，则对应一系列的 B_m 值；且随着 H_m 值升高，交流磁滞回线的范围增大，峰值磁感应强度、剩磁、矫顽力等的绝对值以及交流磁滞回线的范围也会增大。图 1-7 显示了 4kHz 下 0.10mm 厚的一种软磁合金在不同幅值磁场强度 H_m 下的一系列交流磁滞回线，以及相应的 B_m-H_m 曲线。从图 1-7 可以看出，在频率不变的情况下，磁滞回线所围面积的形状会随磁场强度幅值的减小而逐渐趋于椭圆形。

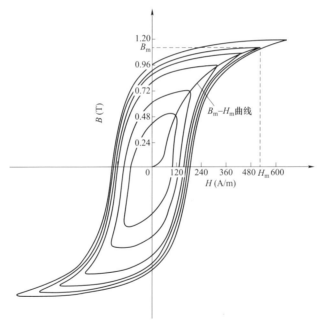

图 1-7　交变磁场下的动态磁滞回线及 B_m-H_m 曲线

　　另外，在交变磁场磁化时，因其中磁通的迅速变化而引起显著的涡流效应及趋肤效应，对材料的交流磁性会有明显影响，同时也会产生涡流损耗和其他损耗。

1.5 影响超薄取向硅钢铁磁材料特性的主要因素

超薄取向硅钢是指厚度不大于 0.10mm、硅含量为 3%的铁硅合金带材，具有强的 {110}<001>织构，带材沿着轧制方向具有优异的磁性能，是军工和电力电子行业中的一种重要材料，主要用于频率不小于 400Hz 条件下的高频变压器、脉冲变压器、大功率磁放大器、阳极饱和电抗器等。通常工作频率越高，涡流损耗也越高。涡流损耗与材料的厚度有关，为了降低高频涡流损耗，硅钢生产厂家通常会采用将硅钢材料厚度减小的方法来减小涡流损耗。常规厚度取向硅钢（0.18~0.35mm）以抑制剂控制织构为核心，通过对轧制、退火工艺的控制使高斯（Goss）取向晶粒发生二次再结晶，最终获得锋锐的 Goss 织构。随着硅钢厚度的减小，带材表面效应也越来越明显，退火过程中抑制剂熟化速度快，晶粒很快长透整个带材并受晶界沟槽的钉扎，无法异常长大。另外取向硅钢越薄，冷轧压下率越大，初次再结晶退火后 Goss 取向晶粒过少会导致无法完全发生二次再结晶。因此，常规技术无法制备超薄取向硅钢带材。超薄取向硅钢带材的制备主要采用以常规厚度取向硅钢产品作为原材料的一次再结晶法和以纯净的 Fe−3%Si 热轧板作为原材料的二次或三次再结晶法。

超薄取向硅钢的主要磁性参数包括磁感应强度、铁损、磁致伸缩和 A 计权磁致伸缩速度水平（简称 A 计权噪声值）等。

1.5.1 国内外超薄取向硅钢的研究进展与现状

1949 年，美国学者利特曼等率先采用一次再结晶法制备出超薄取向硅钢，将 0.23~0.3mm 厚的 Goss 织构取向硅钢成品经50%~70%冷轧转变为{111}<112>冷轧织构，经初次再结晶退火后又转变为 Goss 织构。此方法再结晶退火时间短，控制在 5min 范围内。这种方法的制备原理主要是利用 Goss 取向单晶轧制退火过程中织构转变的规律。由于当时的原始材料为 CGO 钢，因此产品性能偏低。1993 年，日本东北大学和日本钢管公司首先用高牌号取向硅钢作为原始材料，经冷轧和退火，通过三次再结晶制备出 0.035mm 厚的薄带成品。该薄带在磁场强度 $H = 1000A/m$ 下的磁感应强度 $B_{1000} = 1.94 \sim 1.98T$，取向偏差角为 1°～2°，晶粒尺寸不小于 5mm，细化磁畴后的铁损与 $Fe-B-Si$ 系非晶材料的铁损相近，但成品很薄，使用价值受到限制，工艺复杂，制造成本高。1994 年，日本学者牛神羲行（Ushigami）等通过以初始磁感应强度 B_{800}（磁场强度 $H = 800A/m$ 下的磁感应强度）为 1.94T 成品板制备不大于 0.10mm 厚的薄带，将成品板轧成薄带后，通过 950℃×120s 三次再结晶退火制成强 {110}<001> 织构，三次晶粒尺寸达到 5mm 以上，轧向偏离<001>角 1°～2°，磁感强度 B_{800} 达到 1.94T 以上。

　　目前国外超薄取向硅钢带材生产制造的核心技术主要由美国 Armco 公司、英国 BSC 公司、日本金属公司等企业掌握，覆盖厚度 0.04、0.05、0.08、0.10mm 系列产品。近年来，日本金属公司占据了国际市场垄断地位，其典型超薄取向硅钢产品的性能参数如表 1-2 所示。

表 1-2　　日本金属公司典型超薄取向硅钢产品性能参数

型号	厚度（mm）	公差（mm）	铁损（W/kg）			磁感应强度 B_{800}（T）	叠装系数（%）
------	-----------	-----------	$P_{1.5/50}$	$P_{1.5/400}$	$P_{1.0/1000}$	---	---
GT-100	0.10	0.0039	1.2	12.5	21.3	1.82	93
GT-080	0.08	0.0031	0.9	13.2	17.5	1.80	92
GT-050	0.05	0.0020	1.7	13.0	17.0	1.75	90
GT-040	0.04	0.0016	2.0	17.9	20.3	1.61	90

注　表中 $P_{1.5/50}$ 为频率为 50Hz、磁感应强度为 1.5T 时的比总损耗；$P_{1.5/400}$ 为频率为 400Hz、磁感应强度为 1.5T 时的比总损耗；$P_{1.0/1000}$ 为频率为 1000Hz、磁感应强度为 1.0T 时的比总损耗。

1959 年，北京钢铁研究总院开始研制 0.05mm 和 0.08mm 取向硅钢薄带，磁感应强度 B_{800} 达到 1.90T。随后上海钢铁研究所和大连钢铁集团对其进行生产，产量达到 10t，满足了国内需要，但在当时的生产技术条件下，成材率仅为 30%～40%，性能稳定性差。20 世纪 70 年代，转由专门生产铁心的工厂购买厚度为 0.23～0.35mm 的取向硅钢作为原材料，制成极薄带产品。1983 年，北京钢铁研究总院采用武汉钢铁有限公司生产的 0.20～0.35mm 厚的取向硅钢产品作为原始材料，生产出 0.025～0.10mm 厚的取向硅钢薄带，成材率高，达到 85% 以上，成本得到明显降低，磁性能稳定。

当前国内超薄取向硅钢带材生产厂家主要集中在少数的民营企业，如无锡锴浩机电有限公司、包头彗宇硅钢科技有限公司等，国内超薄取向硅钢带材的性能如表 1－3 所示。从带材的磁感应强度和铁损看，国内超薄取向硅钢与国外相比还存在明显的差距。

表 1－3　　　　　　　国内超薄取向硅钢带材性能

厚度（mm）	磁感应强度 B_{800}（T）	铁损（W/kg）		
		$P_{1.5/50}$	$P_{1.5/400}$	$P_{1.0/1000}$
0.05/0.08/0.10	1.7～1.8	—	12.5～14.5	—

1.5.2　取向与织构的定义

超薄取向硅钢成品由铁晶体构成，涉及晶粒取向问题。通常轧板的板面法线方向用 ND 表示，轧制方向用 RD 表示，同时与 ND 和 RD 垂直的轧板的横向方向用 TD 表示。因此，ND、RD 和 TD 三者互相垂直，构成钢板坐标系的三个方向。设空间有一个由三个互相垂直的 RD、TD、ND 坐标轴组成的直角参考坐标系 O-RD-TD-ND。把立方铁晶体的坐标系以共享原点的方式放入该轧板坐标系，其坐标轴的排列方式为：[100] 方向平行于 RD 轴，[010] 方向平行于 TD 轴，[001] 方向平行于 ND 轴，且三个晶向分别同与之平行的 RD、TD、ND 坐标轴保持同向。晶体坐标系中晶向在参考坐标系内的这种排布方式称为初始取向。如果把具有初始取向的晶体坐标系做某种转动，使它与所观察到的实际晶体坐标系重合，这样转动过的晶体坐标系就具有了与所观察的实际晶体坐标系相同的取向。由此可见，取向描述了铁晶体 O–[100]–[010]–[001] 晶体坐标系相对于 O–RD–TD–ND 轧板坐标系的转动状态。习惯上用所观察晶体某晶面、晶向在参考坐标系中的排布方式来表示晶体的取向。如果晶体的某一（hkl）面平行于轧板 RD–TD 所决定的平面（称为轧面），即 [hkl] 方向平行于 ND 轴，（hkl）面上某一 [uvw] 方向平行于 RD 轴方向，则可以用（hkl）[uvw] 来表达晶体的取向。超薄取向硅钢为典型的多晶体结构，是大量小晶粒的集合体。图 1–8 给出了超薄取向硅钢的多晶体晶粒 EBSD 观察图。从图 1–8 可以看出，超薄取向硅钢的晶粒尺寸通常为几十到上百微米。对于多晶体而言，任一小晶粒内的取向是一致的，但各晶粒的取向通常互不相同。

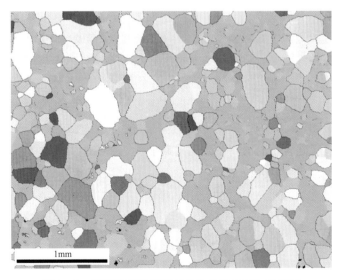

图 1–8 超薄取向硅钢的多晶体晶粒 EBSD 观察图

当多晶体内大量的取向变得一致或接近几种取向时，多晶体内就呈现织构现象。可以用晶面族和晶向族符号{hkl}<uvw>来表示电工钢多晶体内的织构，即许多晶粒的{hkl}面平行于轧面，同时这些晶粒都有<uvw>向平行于轧向。表1-4为硅钢生产过程中经常出现的一些织构。

表1-4 硅钢生产中常见的织构

织构名称	晶粒取向	织构名称	晶粒取向
立方织构	{001}<100>	{111}	{111}<110>
旋转立方织构	{001}<110>	{111}	{111}<112>
高斯织构	{011}<100>	R织构	{311}<136>
反高斯织构	{011}<011>	铜型织构	{112}<111>
轧制织构	{112}<110>	黄铜型织构	{011}<211>

1.5.3 影响超薄取向硅钢磁感应强度的因素

磁感应强度 B 代表材料的磁化能力，单位为 T。

（1）饱和磁感应强度（B_s）。饱和磁感应强度（B_s）为组织不敏感磁性参数（也称固有磁性或内禀磁性参数），它与取向度和织构无关，只取决于铁磁性元素每个原子的磁矩数（也称波尔磁子数）μ_B。磁矩是由电子自旋引起的。纯铁的 $\mu_B = 2.2$，$B_s = 2.158T$。

随着硅含量的增高，磁矩数减小，饱和磁感应强度 B_s 降低。B_s 与 Si 含量的关系表示为

$$B_s = 2.158 - 0.048\omega(\text{Si}) \text{ 或 } B_s = 2.21 - 0.06\omega(\text{Si})$$

或 $\quad B_s = 2.1561 - 0.413\omega(\text{Si}) - 0.0198\omega(\text{Mn}) - 0.0604\omega(\text{Al})$

$$(1-8)$$

式中：$\omega(\text{Si})$ 为取向硅钢中 Si 元素的质量分数，$\omega(\text{Mn})$ 为 Mn 元素的质量分数，$\omega(\text{Al})$ 为 Al 元素的质量分数。

（2）磁感应保证值（B_{800}）。取向硅钢选用的设计 B_m 高达 1.7～1.8T，接近 B_{800} 值，因此以 B_{800}（磁场条件 $H=800A/m$）作为磁感应保证值。B_{800} 与饱和磁感应强度（B_s）不同，它是对组织敏感的磁性参数。

对于特定成分的超薄取向硅钢，饱和磁感应强度 B_s 固定，磁感应强度 B_{800} 则只与 {110}<001>Goss 晶粒取向度或 {110}<001>位向偏离角有关。3.15%Si-Fe 多晶体平均偏离角与 B_{800} 的关系如图 1-9 所示。从图 1-9 可以看出，<001>与轧向的平均偏离角 $\left(\dfrac{\alpha+\beta}{2}\right)$ 和 B_{800} 有明显关系。α 为<001>晶向对轧向在轧面上的偏离角，β 为<001>晶向对轧面的倾角，其中 β 角使轧面上所产生的自由磁极引起的反磁场效应比 α 角更大，对磁性影响更大。平均偏离角增大，B_{800} 值显著降低。因此，磁感应强度的测定值可以直接反映材料的晶粒取向度。

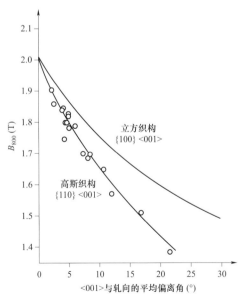

图 1-9　3.15%Si-Fe 多晶体平均偏离角与 B_{800} 的关系

杂质含量、夹杂物和析出物数量及分布状态、钢板厚度等对取向硅钢 B_{800} 的直接影响不大，但对形成{110}<001>织构的二次再结晶发展或是晶粒取向度有很大影响。

1.5.4 影响超薄取向硅钢损耗的因素

铁损作为考核硅钢产品磁性的最重要指标，是划分硅钢产品牌号的主要依据。超薄取向硅钢之所以受到人们的广泛关注，就在于取向硅钢厚度的进一步减小可以大幅降低其铁损。硅钢的铁损（P_T）包括磁滞损耗（P_h）、涡流损耗（P_e）和反常损耗（P_a）三部分。

（1）磁滞损耗（P_h）。磁滞损耗（P_h）是由磁滞回线所包围的面积表征，是磁性材料在磁化和反磁化过程中，材料中的夹杂物、晶体缺陷、内应力和晶体位向等因素导致畴壁移动和磁通变化受阻，引起磁感应强度落后于磁场强度变化而产生的能量损耗。换句话说，畴壁移动速度快的材料更易磁化，其磁滞损耗也相对小。磁滞损耗与磁滞回线面积（A_h）成正比。

$$P_h = kA_h f \qquad (1-9)$$

式中：f 为频率，Hz；k 为常数。频率 f 不变时，P_h 与矫顽力 H_c 成正比。

$$P_h = aB_m H_c \qquad (1-10)$$

式中：B_m 为最大磁感应强度，T；a 为常数。

影响磁滞损耗的因素很多，主要有组织织构、杂质和内应力、晶粒尺寸、钢板厚度和表面状态及元素含量等。

（2）涡流损耗（P_e）和反常损耗（P_a）。涡流损耗（P_e）是磁性材料在交变磁化过程中，磁通方向发生改变，按照法拉第电磁感应定律，在磁通周围感生出局部电动势而引起涡电流所造成的能量损耗。P_e 值可按经典涡流损耗公式计算得出。公式假设材料为磁各向同性的均匀磁化，并且 B 的变化都为正弦波形，按麦克

斯韦（Maxwell）方程推导出的薄板材料的涡流经典公式为

$$P_e = \frac{1}{6} \times \frac{\pi^2 t^2 f^2 B_m^2 k^2}{\gamma \rho} \times 10^{-3} \qquad (1-11)$$

式中：t 为钢板厚度，mm；f 为频率，Hz；B_m 为最大磁感应强度，T；ρ 为材料的电阻率，$\Omega \cdot m$；γ 为材料的密度，g/cm^3；k 为波形系数，对正弦波形来说 $k=1.11$。

由此可见，P_e 与 t^2、f^2 和 B_m^2 成正比。

实际上磁化不可能是均匀的，如磁化的趋肤效应、材料的组织不均匀性、内应力以及晶粒位向排列情况都会造成磁化不均匀。上述经典公式也没有考虑磁畴结构的影响。因此按式（1-11）计算的 P_e 值与实测 P_h 值之和所得到的 P_T 比实测的 P_T 值小。这部分多余的损耗称为反常损耗或反常涡流损耗 P_a。对于混乱的小晶粒而言，P_a 值很小，按经典涡流公式计算 P_e 近似正确。

表 1-5 所示为取向硅钢 B 和 f 与 P_h、P_e 及 P_a 的关系。

表 1-5　取向硅钢 B 和 f 与 P_h、P_e 及 P_a 的关系

因素	P_h	P_e	P_a
B	$B^{1.6\sim2}$	B^2	$B^{1.5\sim2}$
f	f	f^2	$f^{1.5}$

1.5.5　影响超薄取向硅钢磁致伸缩及 A 计权噪声值的因素

磁致伸缩是铁磁材料的基本物理效应之一。硅钢片磁致伸缩的宏观表现是，当硅钢片处于外加的磁场中时，硅钢片的尺寸和体积将发生改变。当硅钢片处于交变的磁场中时，其尺寸随磁场的变化而反复伸缩，产生周期性的振动，这是产生铁心噪声的最主要原因。

磁性材料磁致伸缩瞬时值 $\lambda(t)$ 按下式计算。

$$\lambda(t) = \frac{\Delta l_0(t)}{l_0} \tag{1-12}$$

式中：$\lambda(t)$为磁致伸缩在时间为t时的瞬时值；$\Delta l_0(t)$为从退磁状态长度到时间为t时基线长度的变化值，m；l_0为试件的基线长度，m。

取向硅钢的磁致伸缩行为具有各向异性，即磁致伸缩系数值与晶体方向密切相关。对于特定的材料，磁致伸缩则主要对磁极化强度有强依赖性，一个磁化周期内的磁致伸缩振幅λ_{p-p}与磁极化强度峰值J_m的关系表示为

$$\lambda_{p-p}(J_m) = D\left[e^{(\alpha+\Delta\alpha)(J_m-J_0)} - \frac{e^{\alpha(J_m-J_0)}}{e^{(J_m-J_c)/\Delta J} + 1} \right] \tag{1-13}$$

式中：D为一个无量纲的常数；α为一个调节指数增加的参数，T^{-1}；$\Delta\alpha$为α的增加量；J_m为磁极化强度峰值，T；J_0为一个接近饱和磁极化强度的值，T；J_c为狄拉克分布函数的中间值，T；ΔJ为狄拉克分布函数的半宽，T；e为自然常数。

A计权磁致伸缩速度水平（简称A计权噪声值），即为当磁极化强度随时间按正弦规律变化，其峰值为某一标定值，变化频率为某一标定频率时，单位长度硅钢片（带）沿磁化方向发生磁致伸缩所引起的表面振动声压水平。电工钢的A计权噪声值L_{VA}可按下式计算。

$$L_{VA} = 20\log_{10} \frac{\rho c \sqrt{\sum_i \left[(2\pi f_i)\left(\frac{\lambda_i}{\sqrt{2}}\right)\alpha_i \right]^2}}{P_{e0}} \tag{1-14}$$

式中：ρ为空气密度，kg/m^3；c为声速，m/s；f_i为i次谐波频率，Hz；λ_i为i次谐波磁致伸缩分量；α_i为i次谐波频率下的质量系数；P_{e0}为最小可闻声压（2×10^{-5}），Pa。A计权噪声值一定程度上反映了取向硅钢的噪声水平，其主要影响因素包括磁致伸缩系数和励磁频率等。

　　综上所述，本章节主要介绍了超薄取向电工钢材料的铁磁性基础和影响。后续章节将详细阐述国内外测量超薄取向硅钢材料的磁感应强度、铁损、表面涂层电阻和附着性、磁致伸缩、A 计权噪声值以及叠片系数等关键参数的主要技术手段。

第2章

使用爱泼斯坦方圈测量中频超薄取向硅钢磁性能

　　爱泼斯坦方圈法是硅钢材料磁性能测量方法中重要的基础方法之一，具有测量装置简单、稳定性高的特点，得到了生产厂家、用户、科研院所的广泛关注，发展至今已形成针对工频及中频磁性能测量的国际标准与国家标准。其中，中频磁性能测量的主要对象就是超薄取向硅钢材料。现行超薄取向硅钢中频磁性能测量标准包括 IEC 60404-10—2016《磁性材料　第 10 部分：磁性钢片和钢带在中频下的磁性能的测量方法》与 GB 10129—1988《电工钢片（带）中频磁性能测量方法》。这两个标准存在等同之处，也存在差异，主要差异表现在对退磁、爱泼斯坦方圈匝数及被测样品重量的规定等方面，两个标准的差异对照如表 2-1 所示。

表 2-1　IEC 60404-10—2016 与 GB 10129—1988 差异对照表

标准内容	IEC 60404-10—2016	GB 10129—1988	说明
重量	样片数量：不少于 12 片，且应为 4 的整数倍	样片数量：应为 4 的整数倍，其重量不少于 200g	国家标准中明确规定了重量
绕组匝数	绕组分布要求：均匀分布，绕组间隔离，每只螺线管上匝数相同	绕组分布要求：均匀分布，绕组间隔离，每只螺线管上匝数 50 匝	国家标准中明确了匝数
	绕组匝数：绕组匝数应与特定的功率条件、测量装置及频率匹配。建议匝数 200 匝，线径 0.125mm	绕组匝数：200 匝，直流电阻小于 0.5Ω	IEC 标准给出了匝数及线径的建议值，未硬性规定匝数。而国家标准中明确规定了绕组匝数及直流电阻值的要求

续表

标准内容	IEC 60404-10—2016	GB 10129—1988	说明
退磁	在开始测量前,应对测量样片进行退磁	在低于 1.0T 进行时,测量前试样必须经过退磁。退磁频率为 50Hz,退磁磁场强度足够大,接近 1000A/m	国家标准中明确规定了退磁时的频率、磁场强度及时间等

目前,国内外尚未明确给出这些差异对超薄取向硅钢磁性能测量结果的影响,也无相关文献数据可供参考。为了明确这些差异的影响,进一步规范中频超薄取向硅钢磁性能测量方法,本章将对退磁、爱泼斯坦方圈匝数及被测样品重量对超薄取向硅钢磁性能的影响进行测量研究,给出相应的测量结果与数据。

2.1　爱泼斯坦方圈测量方法与测量系统

2.1.1　爱泼斯坦方圈测量方法

工频爱泼斯坦方圈与中频爱泼斯坦方圈均采用的是国际通用的 25cm 方圈,不同之处在于绕组匝数不同,工频爱泼斯坦方圈匝数为 700 匝,频率为 50~400Hz,中频匝数较少,适用的频率范围也较高,为 400~10 000Hz。

图 2-1 给出了 25cm 爱泼斯坦方圈的结构示意图。爱泼斯坦方圈由一次绕组、二次绕组和作为铁心的试样组成,形成一个空载变压器。图中方圈由 4 个绕组组成,每个绕组包含 2 个线圈,分别为初级线圈(磁化线圈)与次级线圈(测量线圈),线圈均匀地绕在硬质的绝缘骨架上。4 个绕组的各初级线圈与各次级线圈分别串联。

测量时将被测电工钢片插入绕组中形成闭合磁路。样片采用双搭接方式,样片双搭接方式如图 2-2 所示,形成长度和横截面积都相等的四束。样片长度为(280~320mm)±0.5mm,宽度为

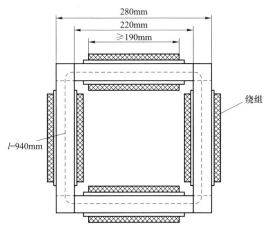

图 2-1 25cm 爱泼斯坦方圈的结构示意图

30mm±0.2mm，推荐使用 30mm×300mm 尺寸样片，组成试样的电工钢片至少为 12 片，且为 4 的整数倍。

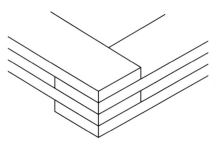

图 2-2 样片双搭接方式

图 2-3 为爱泼斯坦方圈法测量电路。图中 M 为空气补偿线圈。磁场强度根据电流法测得，磁感应强度根据电磁感应定律测得，比总损耗则根据一次绕组电流与二次绕组电压共同测得。需要注意的是爱泼斯坦方圈规定平均磁路长度为固定值 0.94m，测量时须控制次级感应电压为正弦。

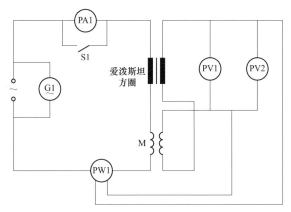

图 2-3   爱泼斯坦方圈法测量电路

2.1.2   爱泼斯坦方圈测量系统

在上述爱泼斯坦方圈测量装置的基础上，采用德国 MPG 200 磁性能测量系统测量超薄取向硅钢的磁性能。该系统为数字采集系统，可灵活实现不同匝数爱泼斯坦方圈磁性能的测量，测量结果的重复性与精度均优于 IEC 标准的要求。表 2-2 为德国 MPG 200 磁性能测量系统的技术参数。图 2-4 为 MPG 200 磁性能测量系统的实物图。本书中硅钢材料的磁性能均采用该系统进行测量。

表 2-2   德国 MPG 200 磁性能测量系统的技术参数

最大输出电压	100V
最大输出电流	52A
频率范围	3Hz～20kHz
磁化波形	正弦、脉宽调制、任意波形
测量重复性	优于 0.5%
系统精度	优于 0.5%

图 2－4　MPG 200 磁性能测量系统的实物图

2.2　多种因素对中频超薄取向硅钢磁性能测量与波形系数的影响

本节将基于德国 MPG 200 磁性能测量系统研究退磁、不同匝数爱泼斯坦方圈及样品重量等多种因素对超薄取向硅钢磁性能测量结果的影响。

2.2.1　退磁对超薄取向硅钢磁性能测量的影响

不同的磁性材料在相同的外加磁场作用下会沿着不同的磁化路径进行磁化，表现出不同的宏观磁性能。超薄取向硅钢与高磁感取向硅钢制备工艺不同，微观组织结构存在明显差异，在相同的外加磁场作用下将表现出不同的磁化行为。图 2－5 给出了日本进口 0.10mm 超薄取向硅钢（GT100）及国产 0.23mm 普通取向硅钢（23QG100）在频率为 400Hz，磁感应强度分别为 0.8T 与 1.7T 情况下的磁化路径，也称磁滞回线。由于磁滞回线存在差别，当外加磁化作用突然消失后，磁性材料中的磁性并不会消失，会有不同程度的剩磁。当再次发生磁化时，剩磁的存在会影响磁性能的测量结果，退磁的主要目的就是消除磁性材料中的剩磁，保证测量结果不受影响。

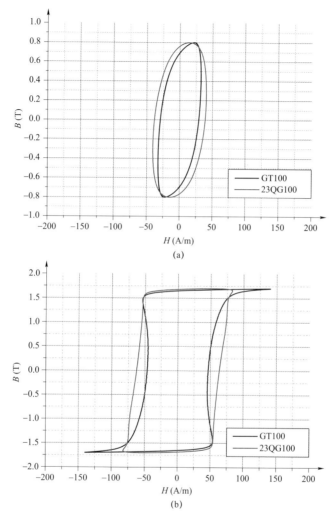

图 2-5　日本进口超薄取向硅钢及国产普通取向硅钢
在不同磁感应强度情况下的磁滞回线（f = 400Hz）

（a）0.8T；（b）1.7T

　　不同磁性材料受剩磁的影响是不同的。图 2-6 与图 2-7 分别
为频率为 400Hz 条件下，23QG100 普通取向硅钢与 GT100 超薄取
向硅钢退磁前后磁性能对比，测量数据见附录 A。退磁磁场均为

50Hz、1000A/m，图 2-6、图 2-7 所示的磁性能测量结果为同一副爱泼斯坦方圈样品重复测量 5 次的对比结果。从图 2-6、图 2-7 可以看出，退磁对超薄取向硅钢磁性能的影响比较明显，尤其是在磁化曲线的起始阶段影响最为明显，随着磁感应强度的增加退磁的影响逐渐减小。

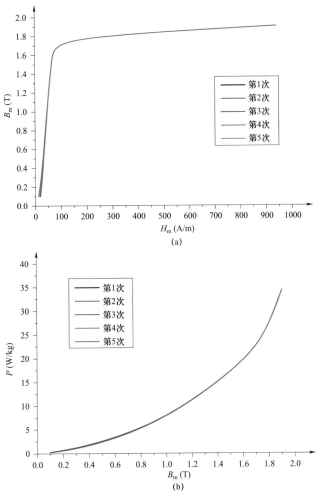

图 2-6　23QG100 普通取向硅钢退磁前后磁性能对比（f＝400Hz）（一）

（a）未退磁磁化曲线；（b）未退磁损耗曲线

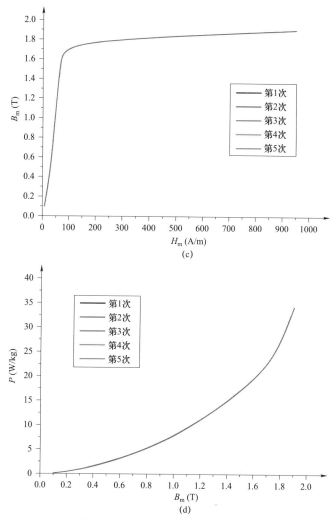

图 2-6　23QG100 普通取向硅钢退磁前后磁性能对比（f=400Hz）（二）

（c）退磁磁化曲线；（d）退磁损耗曲线

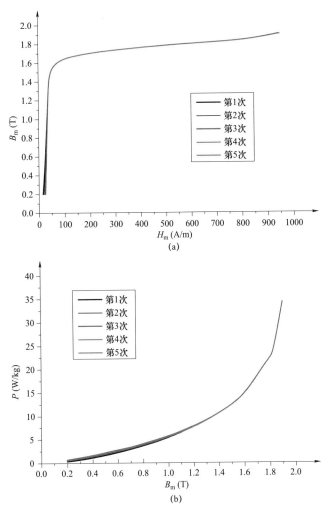

图 2-7 GT100 超薄取向硅钢退磁前后磁性能对比（$f=400$Hz）（一）

（a）未退磁磁化曲线；（b）未退磁损耗曲线

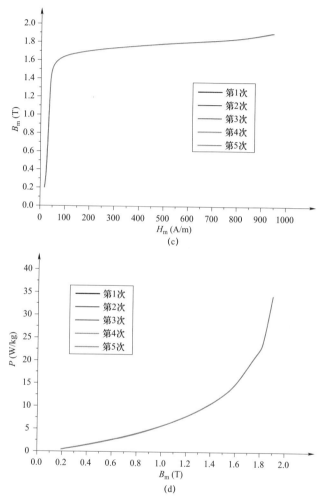

图 2 - 7　GT100 超薄取向硅钢退磁前后磁性能对比（f=400Hz）（二）

（c）退磁磁化曲线；（d）退磁损耗曲线

为进一步研究退磁对低磁感应强度的影响，图 2 - 8 与图 2 - 9 分别给出了在磁感应强度为 0.3T 时 23QG100 普通取向硅钢与 GT100 超薄取向硅钢在退磁前后磁性能的对比。从对比结果可以

电力电子装备超薄取向硅钢检测评估技术

看出，退磁前普通取向硅钢磁性能测量结果重复性较好，波动不大，但磁场强度与损耗测量结果偏高。超薄取向硅钢退磁前磁性能测量结果重复性较差，磁场强度与损耗测量结果存在明显的波动。由此可见，无论是普通取向硅钢，还是超薄取向硅钢，退磁在磁化曲线测量的初始阶段是必不可少的，退磁后可提高测量结果的重复性，提高低磁感应强度区域的测量准确性。

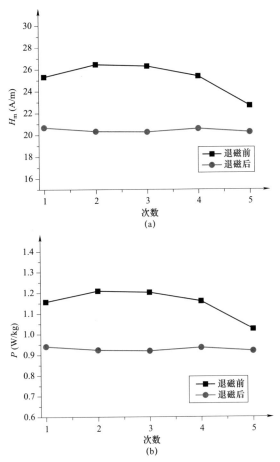

图 2－8　磁感应强度为 0.3T 时 23QG100 普通取向硅钢
退磁前后磁性能对比

（a）磁场强度幅值；（b）比总损耗

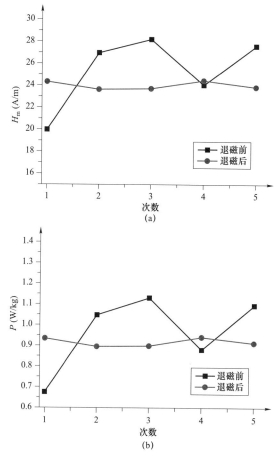

图 2-9　磁感应强度为 0.3T 时 GT100 超薄取向硅钢退磁前后磁性能对比
（a）磁场强度幅值；（b）比总损耗

2.2.2　不同匝数爱泼斯坦方圈对超薄取向硅钢磁性能测量的影响

　　分别采用 700 匝爱泼斯坦方圈与 100 匝爱泼斯坦方圈测量 23QG100 普通取向硅钢与 GT100 超薄取向硅钢的磁性能。两种不同匝数的爱泼斯坦方圈均符合 IEC 标准。图 2-10 与图 2-11 分别给出了频率为 400Hz 条件下，使用不同匝数爱泼斯坦方圈对 23QG100 普通取向硅钢与 GT100 超薄取向硅钢磁性能测量的影响，测量数据见附录 B。

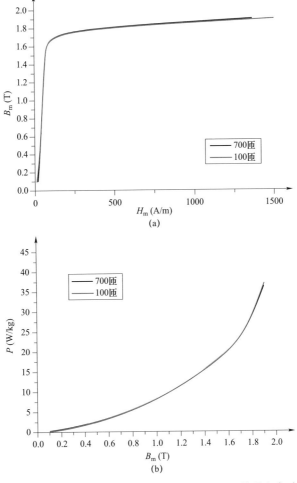

图 2-10　使用不同匝数爱泼斯坦方圈对 23QG100 普通取向硅钢磁性能测量的影响（f=400Hz）

（a）磁化曲线；（b）损耗曲线

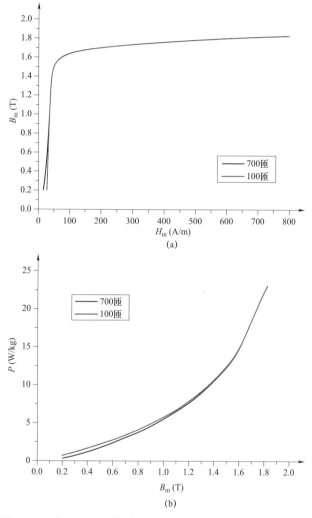

图 2-11　使用不同匝数爱泼斯坦方圈对 GT100 超薄取向硅钢
磁性能测量的影响（f=400Hz）
（a）磁化曲线；（b）损耗曲线

从图 2-10、图 2-11 可以看出，不同匝数爱泼斯坦方圈
对 23QG100 普通取向硅钢磁性能测量结果的影响相对较小，

而对 GT100 超薄取向硅钢磁性能的影响比较明显，影响较大的区域在小于 1.4T 的区域。随着磁感应强度的增加，匝数影响逐渐变小。

表 2-3 给出了不同磁感应强度条件下，不同匝数爱泼斯坦方圈损耗值的对比。在磁感应强度为 0.3T 时，23QG100 普通取向硅钢损耗值相差约 15%，GT100 超薄取向硅钢损耗值相差约 -40%。在磁感应强度为 1.5T 时，23QG100 普通取向硅钢损耗值相差约 0.34%，GT100 超薄取向硅钢损耗值相差约 -0.794%。从以上数据可知，爱泼斯坦方圈的匝数对超薄取向硅钢磁性能的影响较大，在标准化过程中应注意匝数的影响。

表 2-3 不同磁感应强度条件下，不同匝数爱泼斯坦方圈损耗值对比

牌号	损耗值 P（W/kg）			相对误差（%）
	B_m（T）	700 匝	100 匝	
23QG100 普通取向硅钢	0.300	1.193	1.038	14.970
	0.500	2.584	2.505	3.172
	1.500	17.726	17.666	0.340
	1.700	23.441	23.476	-0.147
GT100 超薄取向硅钢	0.300	0.691	1.150	-39.900
	0.500	1.729	2.219	-22.095
	1.500	12.258	12.356	-0.794
	1.700	18.539	18.514	0.134

2.2.3 不同重量样品对超薄取向硅钢磁性能测量的影响

采用 100 匝爱泼斯坦方圈分别对三组不同重量的 GT100 超薄取向硅钢磁性能进行测量。表 2-4 给出了三组 GT100 超薄取向硅钢测量样品的信息。为了避免不同批次、不同取样位置超薄取向硅钢性能差异的影响，取样时在同一卷带材的指定位置进行连续

取样，共取样 52 片，构成第一组测量样品，第二组测量样品是在
第一组样品中随机抽取了 32 片，第三组样品是在第一组样品剩余
的 20 片中随机抽取 12 片得到。

表 2-4　　　三组 GT100 超薄取向硅钢测量样品信息

编号	生产厂家	标称厚度（mm）	长度（mm）	宽度（mm）	片数	重量（g）
第一组	日本金属公司	0.1	300	30	52	358.25
第二组	日本金属公司	0.1	300	30	32	220.23
第三组	日本金属公司	0.1	300	30	12	82.62

　　图 2-12 给出了频率为 400Hz 条件下，不同重量 GT100 超薄
取向硅钢磁性能的对比，测量数据见附录 C。三组不同重量的测
量样品磁性能基本吻合，说明重量对磁性能测量结果的影响不大。

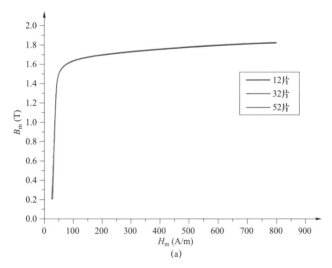

图 2-12　不同重量 GT100 超薄取向硅钢磁性能的对比（$f=400$Hz）（一）

（a）磁化曲线

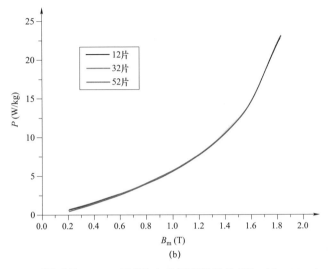

图 2-12　不同重量 GT100 超薄取向硅钢磁性能的对比（f=400Hz）（二）

（b）损耗曲线

2.2.4　匝数与重量对感应电压波形系数的影响分析

图 2-13 给出了频率为 400Hz 条件下，不同匝数爱泼斯坦方圈对 GT100 超薄取向硅钢感应电压波形系数的影响。从图 2-13 可以看出，绝大部分波形系数都满足要求，极个别出现了波形系数超标现象，但从超标点磁性能测量结果看影响不大（磁性能对比如图 2-11 所示）。除此之外，700 匝方圈的波形系数相对较好，比较接近标准值 1.111，说明匝数对波形系数有一定的影响。图 2-14 给出了未加波形控制情况下，不同匝数爱泼斯坦方圈样品的磁感应强度波形对比。从图 2-14 可以看出，700 匝方圈的波形更接近正弦，进一步说明了匝数对波形的影响。匝数越多，波形越接近正弦，波形控制更容易实现。

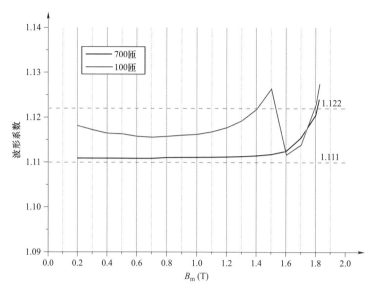

图 2 – 13 不同匝数爱泼斯坦方圈对 GT100 超薄取向硅钢感应
电压波形系数的影响（$f = 400$Hz）

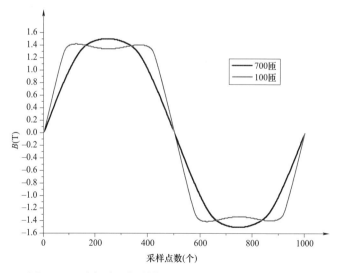

图 2 – 14 未加波形控制情况下，不同匝数爱泼斯坦方圈
样品的磁感应强度波形对比

图 2-15 给出了不同重量 GT100 超薄取向硅钢的波形系数对比。从图 2-15 可以看出，重量较大的样品波形系数更接近正弦。

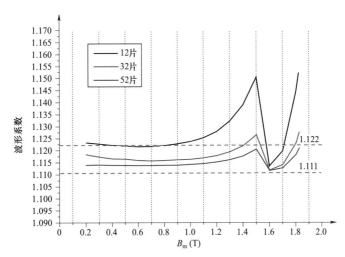

图 2-15　不同重量 GT100 超薄取向硅钢的波形系数对比

由以上波形系数对比结果可以看出，测量装置匝数与测量样品重量对超薄取向硅钢波形系数均有一定的影响。影响感应电压波形系数的原因如下：

图 2-16 给出了铁心励磁回路的示意图。图中 R_i 为电源内阻，R_1 为无感小电阻，用于测量回路中的电流。N_1 为励磁绕组匝数。

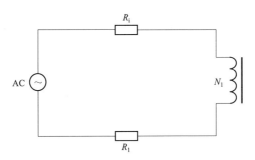

图 2-16　铁心励磁回路示意图

回路电源输出电压可表示为

$$U = iR + N_1 \frac{\mathrm{d}\Phi}{\mathrm{d}t} \qquad (2-1)$$

式中：电阻 R 包括取样电阻 R_1 与电源内阻 R_i；i 为回路中的电流；$\Phi = BS$，为铁心中的磁通，B 为磁感应强度，S 为铁心的横截面积。

由于输出电压 U 为正弦电压，铁心线圈为非线性元件，所以式（2-1）右边两项必为非正弦波形，这样才能使两项合成的结果为正弦。为了保证铁心中的磁感应强度 B 为正弦，应尽量使 $N_1 \frac{\mathrm{d}\Phi}{\mathrm{d}t}$ 远大于 iR。

因此在一定频率范围内，为使 B 波形为正弦，被测样品的重量应尽可能取大一些，增加铁心截面积 S，N_1 尽可能大一些。

2.3　本章小结

（1）介绍了使用爱泼斯坦方圈测量超薄取向硅钢磁性能的方法，给出了本书采用的德国 MPG 200 磁性能测量系统的主要性能参数，该系统测量的重复性与精度均优于 IEC 标准规定。

（2）针对现行超薄取向硅钢磁性能测量的 IEC 标准与国家标准之间的主要差异，研究了退磁、不同爱泼斯坦方圈匝数、样品重量多种因素对超薄取向硅钢磁性能测量的影响。

退磁对超薄取向硅钢在磁化曲线起始阶段的磁性能影响明显，具体表现为退磁前磁化曲线起始阶段多次测量的磁性能结果重复性较差，退磁后磁化曲线起始阶段的磁性能测量结果趋于一致，重复性有明显改善。

匝数对磁感应强度在 1.4T 以下的超薄取向硅钢磁性能影响较大，随着磁感应强度的增加，匝数影响逐渐减小。当磁感应强度为 0.3T 时，100 匝方圈与 700 匝方圈相比，GT100 超薄取向硅钢损耗值相差了约 40%。当磁感应强度为 1.5T 时，损耗值相差约

0.794%。

对于同一批次、相同取样位置的不同重量超薄取向硅钢样品，磁性能测量结果基本不变。

（3）给出了匝数与重量对超薄硅钢磁感应电压波形系数的影响分析。在一定频率范围内，为使 B 波形为正弦，被测样品的重量和励磁绕组的匝数应尽可能取大一些。

第3章

使用改进单片装置测量中高频
超薄取向硅钢磁性能

　　爱泼斯坦方圈法虽应用广泛，稳定性高，但存在被测样品数量多、等效磁路长度不易准确确定的问题。单片测量法是硅钢材料磁性能测量中的又一种重要测量方法。这种测量方法使用一片硅钢样品进行测量，避免了爱泼斯坦方圈测量样品多的问题。传统单片法在磁场强度测量中使用电流法进行测量，电流法同样存在等效磁路的问题。为避免等效磁路的影响，国内外学者提出了使用 H 线圈法替代电流法直接测量磁场强度的方法，克服了等效磁路的问题。尽管如此，目前 H 线圈法尚未得到普及，也未形成相应的测量标准，单片测量仍采用电流法进行测量。主要原因是 H 线圈制作困难，安装要求较高，测量精度不易控制。现行硅钢材料单片测量标准《用单片测试仪测量电工钢片（带）磁性能的方法》（GB/T 13789/IEC 60404-3）规定了使用电流法对磁场强度进行测量，适用频率为工频，还无法直接用于中高频硅钢材料磁性能测量。

　　本章将针对中高频硅钢材料单片磁性能测量装置及方法缺失的现状，在传统单片测量法的基础上开发一种适用于中高频磁性能测量的单片测量装置及测量方法，这种方法采用两片硅钢样品及 H 线圈方法进行测量，提高了使用单 H 线圈测量单片硅钢材料磁性能的精度，为单片测量法的发展提供了新的思路。

3.1 改进的双轭双片硅钢材料磁性能测量装置

双轭双片硅钢材料磁性能测量装置的磁路由上下两个对称的C 形磁轭及两片尺寸、材料、剪切方向都相同的被测样品组成。为了减小中高频条件下的磁轭损耗，防止由于磁轭损耗过大影响测量结果，磁轭采用了高频损耗较小的纳米晶材料制作而成，磁轭的截面积远远大于被测样品截面，以使被测样品容易达到饱和状态。图 3－1 为双轭双片硅钢材料磁性能测量装置结构示意图与

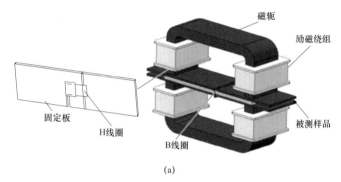

(a)

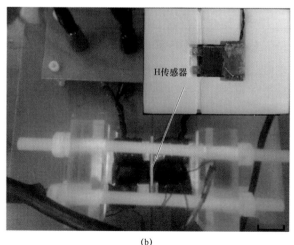

(b)

图 3－1　双轭双片硅钢材料磁性能测量装置
（a）结构示意图；（b）实物图

实物图。整个磁路及励磁绕组的位置应对称排布。但实际操作中很难实现磁路完全对称，如果磁路不对称会使上下两片被测样品的磁感应强度产生差别，最终影响测量结果的准确性。为此，可以引入 PI 控制，通过控制两片被测样品中的磁感应强度保持相等来解决这个问题。

　　磁轭的固定是通过有机玻璃板支撑及螺栓加紧固定，如图 3-1（b）所示。接线板由绝缘性能优异的环氧板组成。两片被测样品间的固定板通过 3D 打印制造，以保证上下表面是互相平行的。H 线圈安装在固定板中，与两片被测样品的表面保持平行。两个磁感应强度 B 测量线圈分别绕在两个被测样品上，B 线圈位置固定在固定板的凹槽内，防止 B 线圈引起被测样品发生变形。整个测量装置中除励磁回路外不包含任何铁磁物质存在，H 线圈与 B 线圈位于被测样品的中心区域。

3.2　传统结构与改进结构的仿真对比

　　为了证明双轭双片法的效果，对双轭单片传统结构与双轭双片改进结构进行了仿真对比。图 3-2 为双轭单片传统结构与双轭双片改进结构的仿真模型。图中测量装置中心处穿过测试样品的虚线为磁场计算结果的取样路径，通过对比取样路径上的磁场分

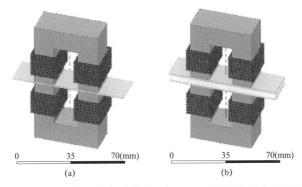

图 3-2　双轭单片传统结构与双轭双片改进结构的仿真模型

（a）双轭单片传统结构；（b）双轭双片改进结构

布，比较两种结构的效果。双轭单片传统结构与双轭双片改进结构的磁轭相同，励磁绕组匝数及励磁电流也相同。

图 3-3 为双轭单片传统结构与双轭双片改进结构沿垂直样品方向计算得到的磁场分布结果。从图 3-3（a）可以看出，在被测样品中磁场强度 H 是均匀的，而从样品表面到上、下磁轭的内表面磁场强度 H 是迅速衰减的，由于实际测量中无法测得紧挨样品表面处的磁场强度 H，因此双轭单片传统结构必然导致磁场强度

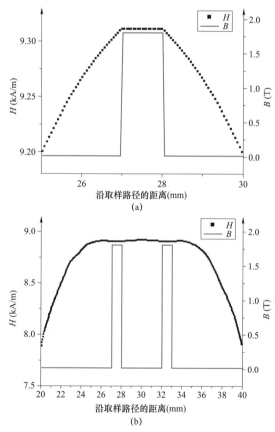

图 3-3　双轭单片传统结构与双轭双片改进结构沿垂直样品方向
计算得到的磁场分布结果
（a）双轭单片传统结构；（b）双轭双片改进结构

的测量误差。从图 3-3（b）双轭双片改进结构可以看出，在两片被测样品中间区域以及外表面附近磁场强度分布均匀，H 线圈放置在两片被测样品中间可准确测得样品中的磁场强度，提高测量的准确性。由此可见，双轭双片改进结构在提高测量准确性方面优势明显。

3.3　使用改进双轭双片结构测量超薄取向硅钢的磁性能

使用改进双轭双片硅钢材料磁性能测量装置测量 GT100 超薄取向硅钢，测量过程如下：

由计算机产生激励信号，激励信号通过功率放大器后为励磁绕组供电。采用 B 线圈与 H 线圈探测磁感应强度 B 与磁场强度 H，H 线圈的系数经过螺线管矫正得 $1.305\ 511 \times 10^{-3}\ m^2$。B 线圈探测信号与 H 线圈探测信号经过差分放大器后通过美国国家仪器公司的 PXIe-6368 多功能卡进行采集。最终的数据通过计算处理后存储在计算机中。

图 3-4 为 GT100 超薄取向硅钢材料在不同频率条件下的磁滞回线。图 3-5 为 GT100 超薄取向硅钢材料在不同频率条件下的损耗曲线。

需要说明的是，尽管双轭双片测量方法解决了爱泼斯坦方圈等效磁路的问题，提高了传统单片法 H 线圈测量的准确性，但仍然存在不足，还需做进一步的研究。不足之处在于现有高精度功率放大器的容量有限，为实现中高频条件下高磁感应强度区域超薄取向硅钢磁性能的测量，测量装置的尺寸与工频相比必然大幅减小，导致测量样品尺寸也随之减小，而小尺寸样品的性能还不能完全反映材料的真实性能，需要进一步研制适用于宽频测量的大容量功率放大器，开发大尺寸单片测量装置，为未来的标准化工作提供技术支撑。

电力电子装备超薄取向硅钢检测评估技术

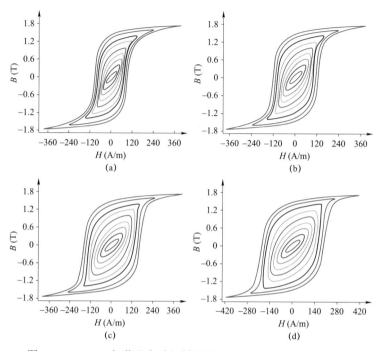

图 3－4　GT100 超薄取向硅钢材料在不同频率条件下的磁滞回线

（a）2kHz；（b）5kHz；（c）10kHz；（d）15kHz

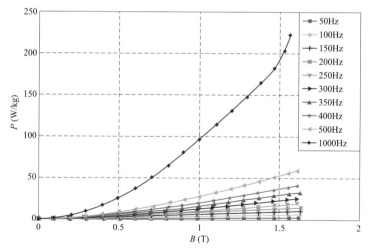

图 3－5　GT100 超薄取向硅钢材料在不同频率条件下的损耗曲线

3.4　本章小结

    本章提出了一种改进型双轭双片硅钢材料磁性能测量装置与测量方法。该装置的磁轭由中高频损耗较小的纳米晶材料组成，测量样片为两片相同硅钢样品，H 线圈放置在两片测量样品的中间位置。通过仿真对比，分析了传统型双轭单片测量装置与改进型双轭双片测量装置对磁场强度分布的影响，结果表明在改进型双轭双片测量装置中，两片样品间的磁场强度 H 均匀，相比于传统型双轭单片测量装置，H 线圈放置在两片样品之间可提高测量的准确性。使用改进型双轭双片测量装置实现了对 GT100 超薄取向硅钢在不同频率条件下磁滞回线及损耗曲线的测量，测量频率可达到 20kHz。对改进型双轭双片测量装置测得的磁性能进行了对比验证，验证了该方法的有效性。尽管这种改进的测量方法解决了爱泼斯坦方圈等效磁路长度的问题，提高了传统单片法 H 线圈的准确性，但在样品尺寸以及测量精度方面仍需要进一步提高。

第4章

不同运行工况下超薄取向硅钢磁性能测量

硅钢材料磁性能测量标准规定，硅钢材料的磁性能是在常温正弦磁化条件下测得的。近年来，随着我国电网的飞速发展，大量的电力电子装备应用在电网中，起到整流与逆变的作用。电力电子装置由开关器件组成，经常工作在中高频非正弦工况下。在这种中高频非正弦磁化工况下，硅钢材料的宏观磁性能与正弦磁化不同，仅依靠标准正弦磁化工况下硅钢材料的磁性能，已不能满足电网发展的需求。与此同时，电网在向电力电子化发展的同时，也对相关装备提出了小型化、轻量化的要求。提高频率是小型化、轻量化的有效途径。频率提高、体积减小后，温升将进一步增加，温度对硅钢等磁性材料性能的影响已不容忽视。

本章将根据电工装备的实际运行工况，针对不同温度、不同磁化工况对超薄取向硅钢材料磁性能的影响开展测量研究。

4.1 不同温度条件下超薄取向硅钢磁性能测量

4.1.1 试验装置与试验方法

使用爱泼斯坦方圈实现了不同温度条件下超薄取向硅钢磁性能的测量。图4-1为用于温度试验的爱泼斯坦方圈。该方圈符合IEC标准的要求，与普通方圈相比，不同之处在于爱泼斯坦方圈使用的材料为耐高温材料，本试验采用的爱泼斯坦方圈测量装置最高可承受 200℃的高温。

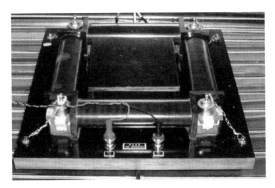

图 4−1　用于温度试验的爱泼斯坦方圈

试验时将爱泼斯坦方圈放置于温度可控的试验箱中，励磁线与测量线通过箱壁上的圆孔引出，箱壁均由非导磁材料制作而成。在 20~150℃温度范围内，温度变化可控制在±0.5℃以内。一般情况下，电工装备中的温度不会高于 150℃。图 4−2 为温度试验箱。

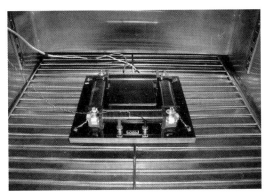

图 4−2　温度试验箱

4.1.2　超薄取向硅钢磁性能测量结果

对 GT100 超薄取向硅钢在不同温度条件下的磁性能进行了测

量。图 4-3 为频率为 400Hz 条件下，超薄取向硅钢磁化曲线的测量结果。磁化曲线是指磁感应强度幅值与磁场强度幅值的连线，也称 $B_m - H_m$ 曲线，忽略了磁滞的影响。

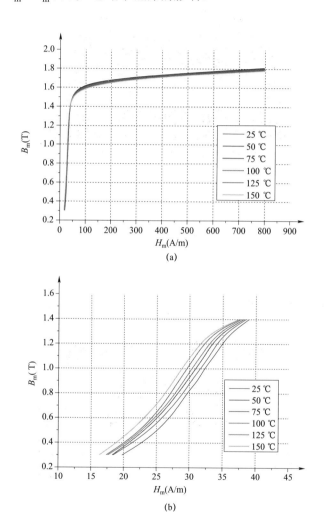

(a)

(b)

图 4-3 超薄取向硅钢磁化曲线的测量结果（$f = 400$Hz）（一）

（a）$B_m - H_m$；（b）$B_m - H_m$（未饱和区域）

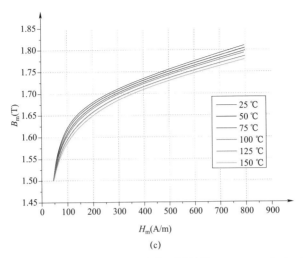

(c)

图 4－3   超薄取向硅钢磁化曲线的测量结果（f = 400Hz）（二）

（c）B_m－H_m（饱和区域）

从图 4－3 可以看出，温度对超薄取向硅钢饱和前后导磁性能的影响规律不同。在未饱和区域随着温度的升高磁导率增加，而在饱和区域随着温度的升高磁导率下降。图 4－4 为磁场强度为 800A/m 时，不同温度对超薄取向硅钢磁滞回线的影响。图 4－5 给出了磁场强度为 800A/m 时，B_s、B_r 及 H_c 的变化曲线。在 150℃ 温度范围内，超薄取向硅钢饱和磁感 B_s、剩磁 B_r 及矫顽力 H_c 随温度的升高线性下降。图 4－6 为频率为 400Hz 时，超薄取向硅钢比总损耗随温度的变化曲线。表 4－1 给出了不同温度条件下 GT100 超薄取向硅钢比总损耗的测量数据。从表 4－1 可以看出，随着温度的升高比总损耗降低，相比常温条件，磁感应强度越低，比总损耗相差越明显。在 120℃高温下，磁感应强度为 1.0～1.8T，比总损耗降低了 5%～10%。

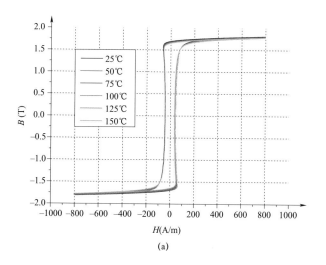

(a)

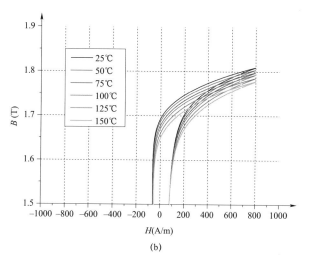

(b)

图 4-4 不同温度对超薄取向硅钢磁滞回线的影响（H = 800A/m）

（a）磁滞回线（完整）；（b）磁滞回线（局部放大）

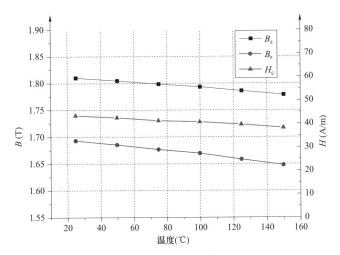

图 4 - 5　B_s、B_r 及 H_c 的变化曲线（$H = 800\text{A/m}$）

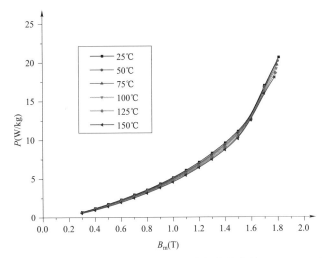

图 4 - 6　超薄取向硅钢比总损耗随温度的变化曲线（$f = 400\text{Hz}$）

表 4 – 1   不同温度条件下 GT100 超薄取向硅钢比
总损耗的测量数据（$f = 400$Hz）

B_m (T) ＼ T (℃)	25	50	75	100	125	150
0.300	0.709	0.643	0.623	0.609	0.602	0.552
0.400	1.188	1.091	1.047	1.033	1.020	0.939
0.500	1.719	1.611	1.548	1.525	1.506	1.398
0.600	2.291	2.179	2.106	2.071	2.036	1.918
0.700	2.918	2.794	2.713	2.660	2.615	2.492
0.800	3.545	3.482	3.370	3.311	3.223	3.111
0.900	4.335	4.177	4.090	4.013	3.906	3.795
1.000	5.106	5.009	4.888	4.784	4.668	4.528
1.100	6.048	5.917	5.784	5.670	5.521	5.395
1.200	7.070	6.900	6.752	6.651	6.502	6.366
1.300	8.240	8.056	7.903	7.768	7.583	7.429
1.400	9.575	9.373	9.203	9.045	8.839	8.665
1.500	11.077	10.862	10.678	10.509	10.272	10.095
1.600	13.015	12.859	12.726	12.623	12.509	12.489
1.700	16.953	16.795	16.617	16.432	16.152	15.917

以上为 400Hz 频率下 GT100 超薄取向硅钢随温度变化磁性能
的变化情况，当频率变化后以上规律仍适用。

4.2   不同磁化条件下超薄取向硅钢磁性能测量

采用爱泼斯坦方圈分别对一组 GT100 超薄取向硅钢及一组
23QG100 普通取向硅钢在不同磁化条件下的磁性能进行测量。

4.2.1   不同频率下超薄取向硅钢磁性能测量

超薄取向硅钢比普通取向硅钢厚度小得多，频率对相应磁性
能的影响不同。图 4 – 7 给出了不同频率下超薄取向硅钢与普通取
向硅钢磁化曲线的测量结果。从测量结果可以看出，超薄取向硅

钢不同频率下磁化曲线的差别比普通取向硅钢要小，说明频率对较厚的普通取向硅钢影响较大。

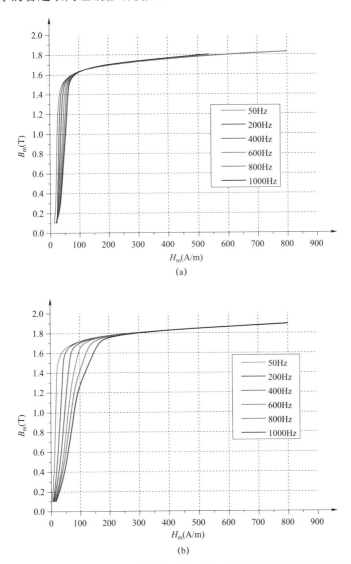

(a)

(b)

图 4－7　不同频率下超薄取向硅钢与普通取向硅钢磁化曲线的测量结果

（a）GT100 超薄取向硅钢；（b）23QG100 普通取向硅钢

55

频率对磁化曲线的非饱和区域影响较大，随着频率的增加取向硅钢的导磁性能下降，当磁化曲线进入饱和区域后，不同频率下的磁化曲线基本重合。

图4-8给出了不同频率对取向硅钢饱和磁感应强度B_{800}的影响。从图4-8可以看出，不同频率下取向硅钢饱和磁感应强度不变，即取向硅钢的饱和磁感应强度不受频率的影响。

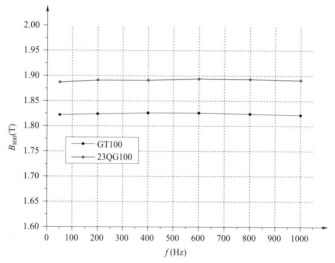

图4-8　不同频率对取向硅钢饱和磁感应强度B_{800}的影响

图4-9与图4-10分别给出了频率为50Hz与1000Hz时超薄取向硅钢与普通取向硅钢磁滞回线的测量结果。从图4-9、图4-10可以看出，在50Hz频率下超薄取向硅钢磁滞回线的面积较大，而在1000Hz频率下普通取向硅钢的磁滞回线较大。磁滞回线的面积与取向硅钢的磁损耗是相对应的。图4-11给出了不同频率下超薄取向硅钢与普通取向硅钢损耗曲线的测量结果。测量结果表明，随着频率的增加，损耗逐渐增大。

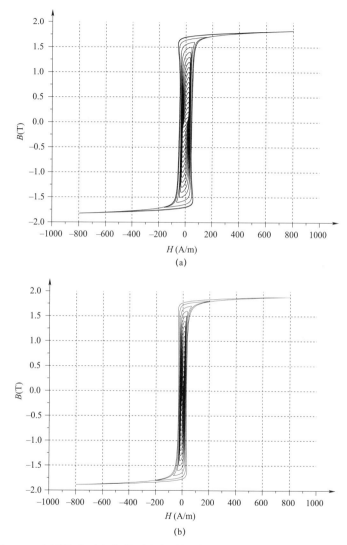

图 4－9　超薄取向硅钢与普通取向硅钢磁滞回线的测量结果（f＝50Hz）
（a）GT100 超薄取向硅钢；（b）23QG100 普通取向硅钢

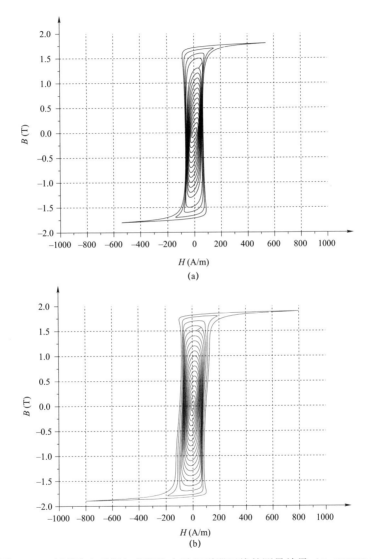

图 4-10　超薄取向硅钢与普通取向硅钢磁滞回线的测量结果（$f=1000\mathrm{Hz}$）

（a）GT100 超薄取向硅钢；（b）23QG100 普通取向硅钢

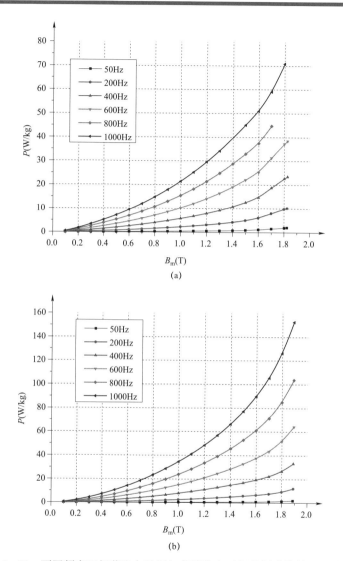

图 4-11　不同频率下超薄取向硅钢与普通取向硅钢损耗曲线的测量结果
（a）GT100 超薄取向硅钢；（b）23QG100 普通取向硅钢

　　图 4-12 为不同频率下超薄取向硅钢与普通取向硅钢比总损耗
曲线的测量结果。当频率小于 200Hz 时，超薄取向硅钢的比总损耗
较高；当频率达到 200Hz 时，超薄取向硅钢的比总损耗曲线与普通

取向硅钢的比总损耗曲线出现交点，超薄取向硅钢开始出现损耗低于普通取向硅钢的区域；当频率大于200Hz时，超薄取向硅钢发挥出了损耗低的特点。可见在低频区域，普通取向硅钢的损耗性能更优，在中高频区域，超薄取向硅钢的损耗性能更优。在应用超薄取向硅钢与普通取向硅钢时，应注意频率的范围，合理选用硅钢材料。

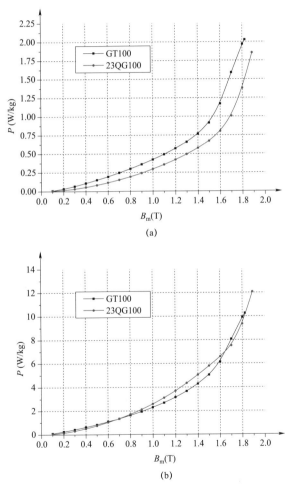

图4-12 不同频率下超薄取向硅钢与普通取向硅钢比总损耗曲线的测量结果（一）

（a）50Hz；（b）200Hz

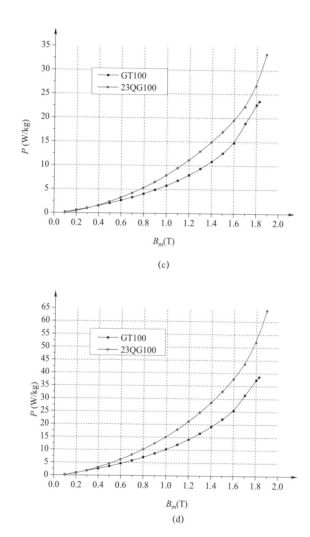

图 4-12　不同频率下超薄取向硅钢与普通取向硅钢比总损耗曲线的测量结果（二）

（c）400Hz；（d）600Hz

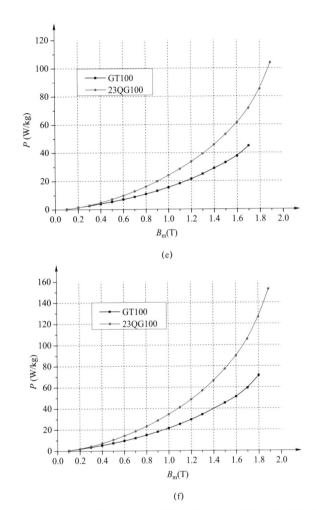

图4-12　不同频率下超薄取向硅钢与普通取向硅钢比总损耗曲线的测量结果（三）

（e）800Hz；（f）1000Hz

4.2.2　基波叠加不同谐波条件下超薄取向硅钢磁性能测量

随着我国电工装备的飞速发展，装备的激励工况不再是简单的正弦，常常包含谐波的影响。在基波与高次谐波的共同作用下，取向硅钢材料的磁性能与正弦磁化条件下不同。本节将对超薄取向硅钢与普通取向硅钢在基波叠加不同高次谐波条件下材料的磁性能进行测量，重点研究谐波相位差、谐波次数以及谐波含量等对超薄取向硅钢与普通取向硅钢磁性能的影响。这里所述基波为工频正弦 50Hz，采用爱泼斯坦方圈装置进行测量。被测样品中磁感应强度波形通过控制激励电压的波形来进行控制。

被测样品中磁感应强度的第 n 次谐波幅值占基波幅值的百分比 k_n 可表示为

$$k_n = B_n / B_1 \times 100\% \qquad (4-1)$$

式中：B_1 为磁感应强度的基波幅值，B_n 为磁感应强度第 n 次谐波的幅值。感应电压第 n 次谐波与感应电压基波的相位差 θ_n 可表示为

$$\theta_n = \phi_n - \phi_1 \qquad (4-2)$$

式中：ϕ_n 为感应电压第 n 次谐波相位，ϕ_1 为感应电压基波相位。

4.2.2.1　谐波相位差变化对硅钢材料磁性能的影响

图 4-13 为磁感应强度幅值 $B_m = 1.5T$ 时，基波叠加 10% 的 3 次谐波（$k_3 = 10\%$），不同相位差下超薄取向硅钢磁特性的测量结果。从图 4-13 可以看出，在磁感应强度幅值保持相同时，随着相位差的变化，磁感应强度、磁场强度以及磁滞回线均发生变化。当 $\theta_3 = 0°$ 时，磁感应强度的顶部呈现尖状，随着相位差的增加，磁感应强度的波形不断变化；当 $\theta_3 = 180°$ 时，磁感应强度的顶部逐渐由尖状变为平顶状。

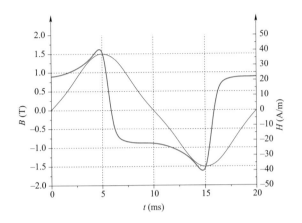

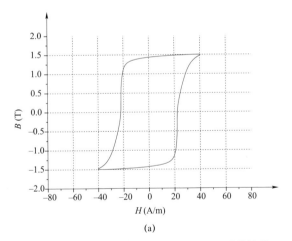

(a)

图 4-13 不同相位差下超薄取向硅钢磁特性的
测量结果（$k_3 = 10\%$，$B_m = 1.5\text{T}$）（一）

（a）$k_3 = 10\%$，$\theta_3 = 0°$

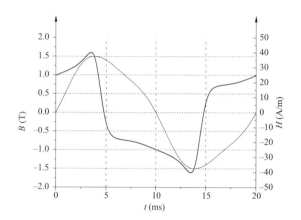

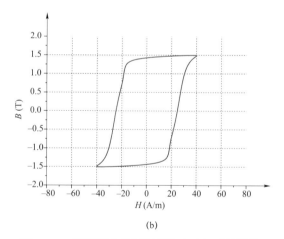

(b)

图 4-13 不同相位差下超薄取向硅钢磁特性的
测量结果（$k_3 = 10\%$，$B_m = 1.5$T）（二）

（b）$k_3 = 10\%$，$\theta_3 = 90°$

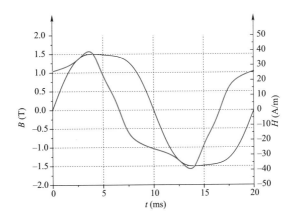

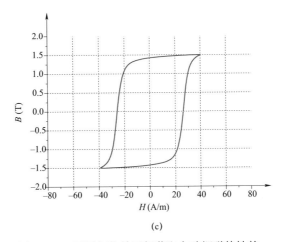

(c)

图 4-13 不同相位差下超薄取向硅钢磁特性的
测量结果（$k_3 = 10\%$，$B_m = 1.5\text{T}$）（三）

（c）$k_3 = 10\%$，$\theta_3 = 180°$

图 4-14 为不同相位差下超薄取向硅钢比总损耗曲线的测量结果。从图 4-14 可以看出,随着相位差的增大,比总损耗逐渐增加。

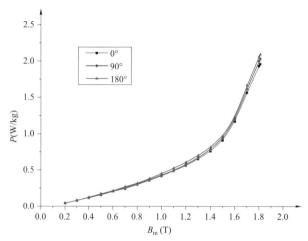

图 4-14　不同相位差下超薄取向硅钢比
总损耗曲线的测量结果（$k_3 = 10\%$）

图 4-15 为磁感应强度幅值 $B_m = 1.5T$ 时,基波叠加 20% 的 5 次谐波（$k_5 = 20\%$）,不同相位差下超薄取向硅钢磁特性的测量结果。

从图 4-15 可以看出,磁感应强度波形中出现了局部的波峰与波谷,在局部波峰与波谷的位置处,磁滞回线出现了局部的小回环,整体的磁滞回线表现为大回环中叠加了小回环。随着相位差的变化,局部小回环出现的位置及包围的面积明显不同。

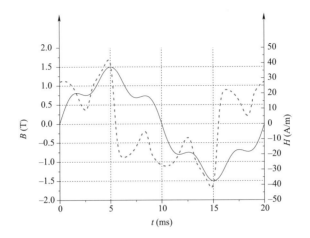

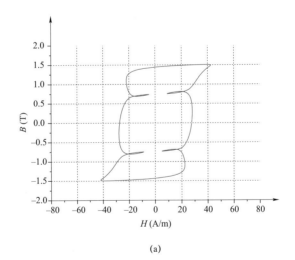

(a)

图 4-15　不同相位差下超薄取向硅钢磁特性的
测量结果（$k_5 = 20\%$，$B_m = 1.5T$）（一）

（a）$k_5 = 20\%$，$\theta_5 = 0°$

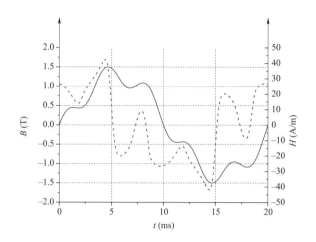

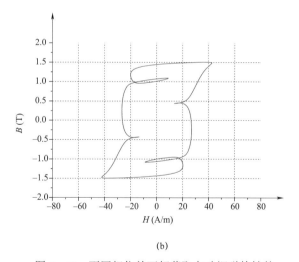

(b)

图 4 - 15　不同相位差下超薄取向硅钢磁特性的
测量结果（$k_5 = 20\%$，$B_m = 1.5\mathrm{T}$）（二）

（b）$k_5 = 20\%$，$\theta_5 = 90°$

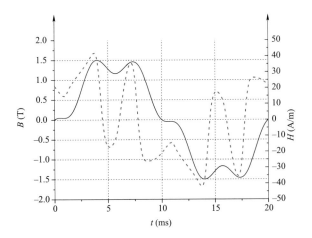

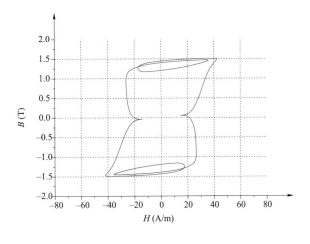

(c)

图 4-15 不同相位差下超薄取向硅钢磁特性的
测量结果（$k_5 = 20\%$，$B_m = 1.5\text{T}$）（三）

（c）$k_5 = 20\%$，$\theta_5 = 180°$

图 4 – 16 为不同相位差下超薄取向硅钢比总损耗曲线的测量结果（$k_5 = 20\%$）。随着相位差的增大，比总损耗呈现逐渐增加的趋势。当 $\theta_5 = 180°$ 时，超薄取向硅钢的比总损耗相比 $\theta_5 = 0°$ 与 $\theta_5 = 90°$ 时，比总损耗增加显著。这主要是由于 $\theta_5 = 180°$ 时，在高磁通区域出现了较大的局部磁滞回环所致。

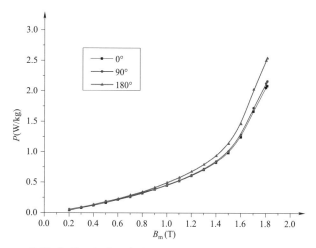

图 4 – 16　不同相位差下超薄取向硅钢比总损耗曲线的测量结果（$k_5 = 20\%$）

图 4 – 17 为磁感应强度幅值 $B_m = 1.5T$ 时，基波叠加 20% 的 20 次谐波（$k_{20} = 20\%$），不同相位差下超薄取向硅钢磁特性的测量结果。从图 4 – 17 可以看出，当 $\theta_{20} = 0°$ 时的磁感应强度、磁场强度以及磁滞回线与 $\theta_{20} = 180°$ 时的基本相同。

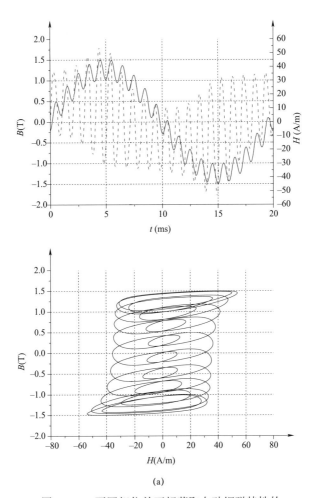

(a)

图 4-17 不同相位差下超薄取向硅钢磁特性的
测量结果（$k_{20}=20\%$，$B_{m}=1.5\text{T}$）（一）

（a）$k_{20}=20\%$，$\theta_{20}=0°$

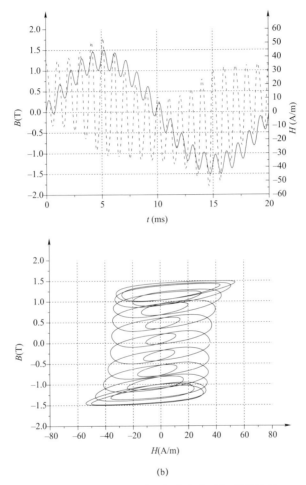

(b)

图 4 – 17　不同相位差下超薄取向硅钢磁特性的
测量结果（$k_{20} = 20\%$，$B_m = 1.5T$）（二）

（b）$k_{20} = 20\%$，$\theta_{20} = 180°$

图 4 – 18 为不同相位差下超薄取向硅钢比总损耗曲线的测量
结果（$k_{20} = 20\%$）。不同相位差下比总损耗曲线基本重合，这说明
谐波相位差已经不再影响超薄取向硅钢的磁性能。

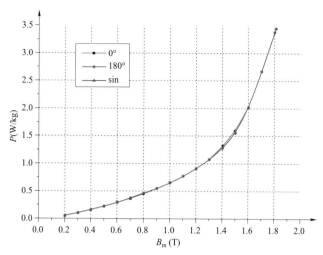

图4-18 不同相位差下超薄取向硅钢比总损耗曲线的测量结果（$k_{20}=20\%$）

图4-19与图4-20分别给出了谐波相位变化对普通取向硅钢磁滞回线及比总损耗的影响。谐波相位对普通取向硅钢磁性能的影响与超薄取向硅钢的规律相同。

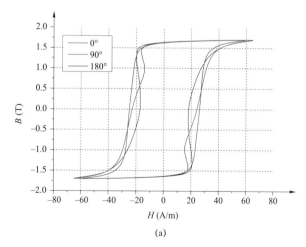

(a)

图4-19 谐波相位变化对普通取向硅钢磁滞回线的影响（$B_m=1.7T$）（一）

（a）$k_3=10\%$

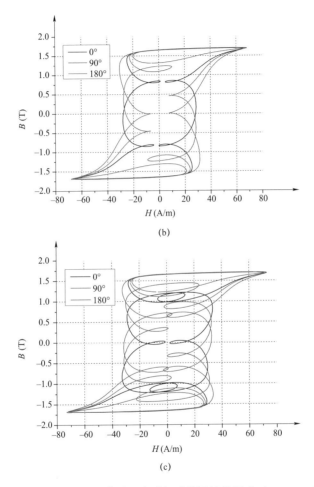

图 4 - 19　谐波相位变化对普通取向硅钢磁滞回线的影响（B_{m} = 1.7T）（二）

（b）k_5 = 20%；（c）k_7 = 10%

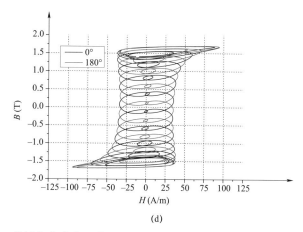

(d)

图 4 – 19　谐波相位变化对普通取向硅钢磁滞回线的影响（$B_m = 1.7T$）（三）

（d）$k_{20} = 10\%$

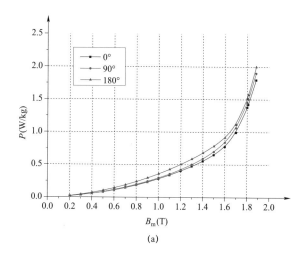

(a)

图 4 – 20　谐波相位变化对普通取向硅钢比总损耗的影响（一）

（a）$k_3 = 10\%$

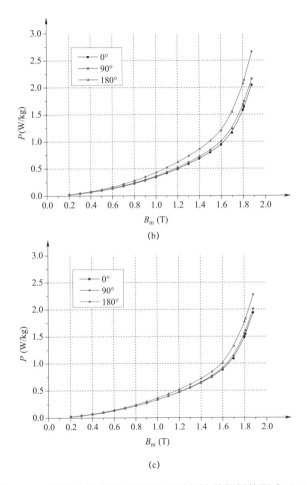

图 4-20　谐波相位变化对普通取向硅钢比总损耗的影响（二）

（b）$k_5 = 20\%$；（c）$k_7 = 10\%$

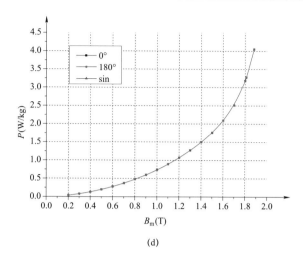

(d)

图 4-20　谐波相位变化对普通取向硅钢比总损耗的影响（三）

（d）$k_{20} = 10\%$

4.2.2.2　不同谐波次数对硅钢材料磁性能的影响

图 4-21 与图 4-22 分别给出了相位差为 0°与 180°，谐波含量为 10%时，不同谐波次数对超薄取向硅钢磁特性的影响。

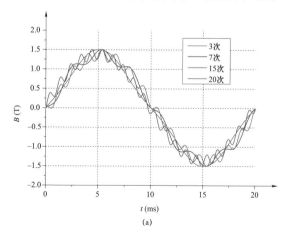

(a)

图 4-21　相位差为 0°，谐波含量为 10%时，不同谐波次数对
超薄取向硅钢磁特性影响（$B_m = 1.5T$）（一）

（a）磁感应强度

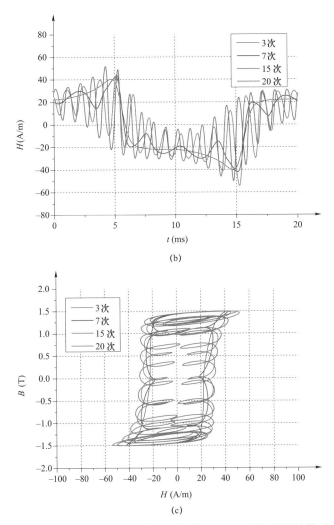

图 4 - 21　相位差为 0°，谐波含量为 10%时，不同谐波次数对
超薄取向硅钢磁特性影响（$B_m = 1.5T$）（二）
（b）磁场强度；（c）磁滞回线

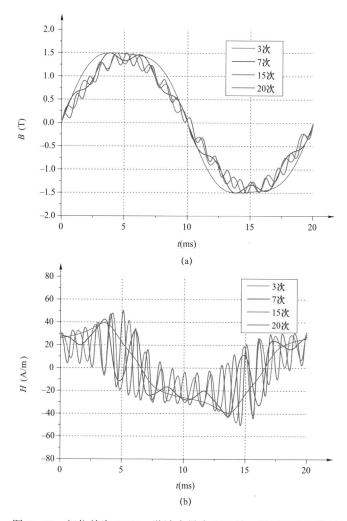

图 4-22　相位差为 180°，谐波含量为 10%时，不同谐波次数对
超薄取向硅钢磁特性影响（$B_m = 1.5T$）（一）

（a）磁感应强度；（b）磁场强度

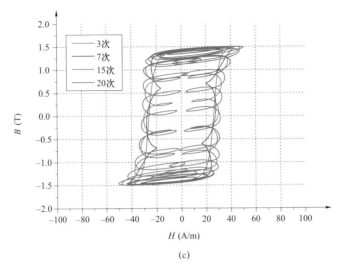

(c)

图 4-22　相位差为 180°，谐波含量为 10%时，不同谐波次数对
超薄取向硅钢磁特性影响（$B_m = 1.5T$）（二）

（c）磁滞回线

从图 4-22 可以看出，随着谐波次数的增加，磁感应强度与磁场强度的畸变程度逐渐增加，谐波次数越高，磁滞回线中越容易出现较多的局部小回环，从而增加超薄取向硅钢的比总损耗。

图 4-23 给出了谐波含量为 10%时，不同谐波次数对超薄取向硅钢比总损耗的影响。通过对比可以看出，当谐波含量保持不变时，随着谐波次数的增加，0°与 180°的比总损耗曲线逐渐远离标准正弦情况下的比总损耗曲线，损耗呈逐渐增加的趋势。除此之外，随着谐波次数的增加，谐波相位差为 0°与 180°时的比总损耗曲线逐渐接近。当谐波次数大于 15 次后，0°与 180°的比总损耗曲线基本重合，谐波相位差不再对超薄取向硅钢的比总损耗产生影响，可以不考虑谐波相位差的影响。

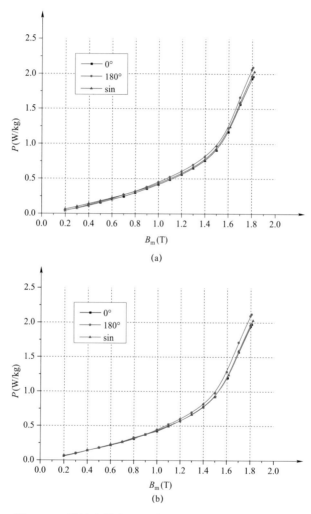

图 4-23 谐波含量为 10% 时,不同谐波次数对超薄取向
硅钢比总损耗的影响(一)

(a) 3 次;(b) 5 次

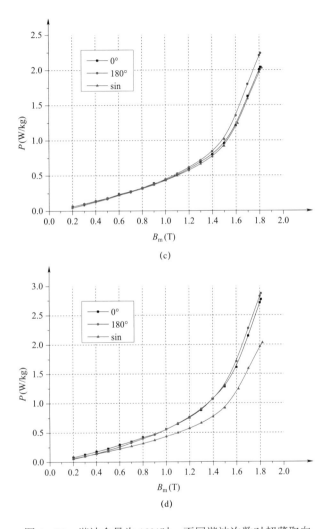

图 4-23　谐波含量为 10%时，不同谐波次数对超薄取向
硅钢比总损耗的影响（二）

（c）7 次；（d）15 次

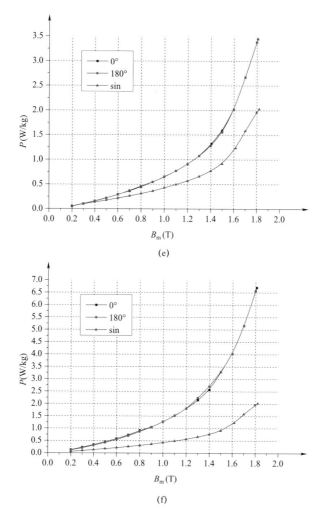

图 4-23　谐波含量为 10%时，不同谐波次数对超薄取向
硅钢比总损耗的影响（三）

（e）20 次；（f）40 次

　　图 4-24 与图 4-25 分别给出了相位差为 0° 与 180°，谐波含量为 10%时，不同谐波次数对普通取向硅钢磁特性的影响。图 4-26 为谐波含量为 10%时，不同谐波次数对普通取向硅钢比总损耗的影响。当谐波含量保持不变时，谐波次数对普通取向硅

钢磁性能的影响与超薄取向硅钢的规律相同。当谐波次数大于 15
次后，谐波相位差变化对普通取向硅钢比总损耗无影响。

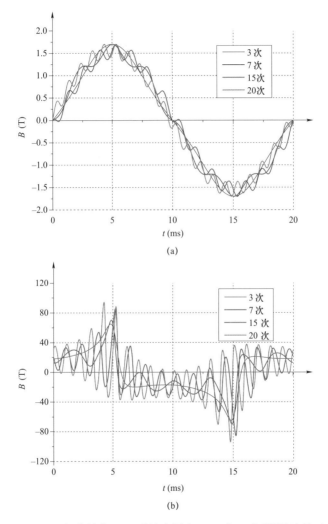

(a)

(b)

图 4-24　相位差为 0°，谐波含量为 10%时，不同谐波次数对
普通取向硅钢磁特性的影响（$B_{m}=1.7T$）（一）

（a）磁感应强度；（b）磁场强度

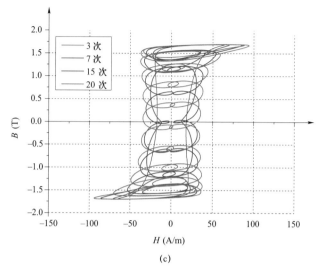

(c)

图 4-24 相位差为 0°，谐波含量为 10%时，不同谐波次数对
普通取向硅钢磁特性的影响（$B_m = 1.7T$）（二）

（c）磁滞回线

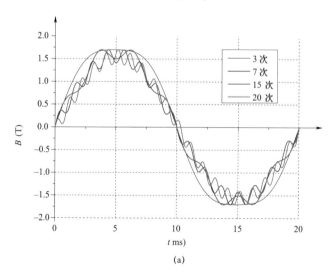

(a)

图 4-25 相位差为 180°，谐波含量为 10%时，不同谐波次数对
普通取向硅钢磁特性的影响（$B_m = 1.7T$）（一）

（a）磁感应强度

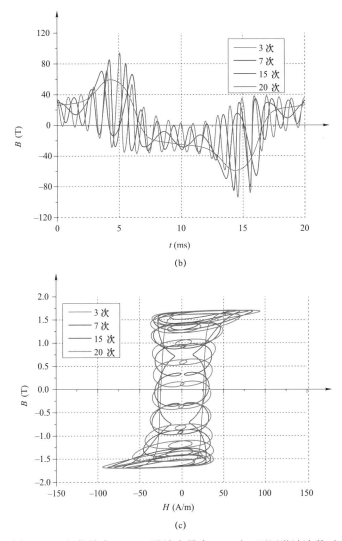

图 4 - 25　相位差为 180°，谐波含量为 10%时，不同谐波次数对
普通取向硅钢磁特性的影响（$B_m = 1.7T$）（二）
（b）磁场强度；（c）磁滞回线

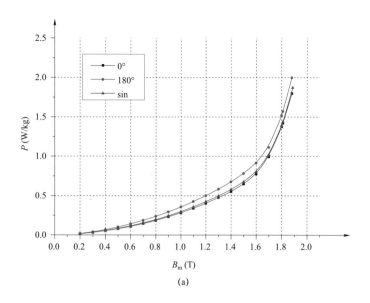

(a)

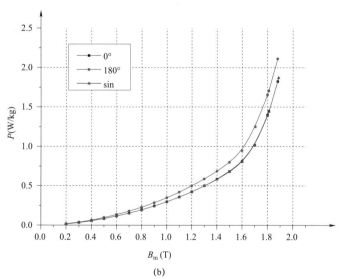

(b)

图 4-26　谐波含量为 10%时，不同谐波次数对普通取向
硅钢比总损耗的影响（一）

（a）3 次；（b）5 次

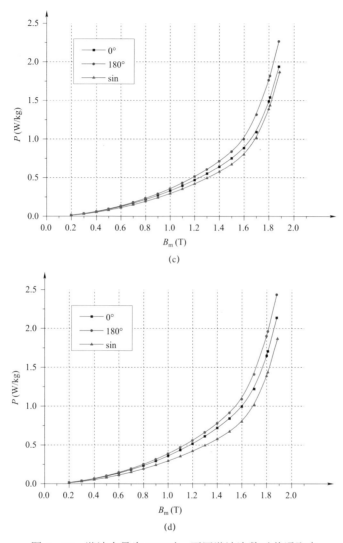

图 4－26　谐波含量为 10% 时，不同谐波次数对普通取向
硅钢比总损耗的影响（二）

（c）7 次；（d）9 次

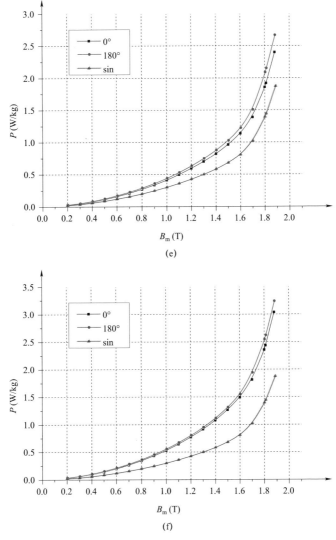

图 4－26　谐波含量为 10% 时，不同谐波次数对普通取向
硅钢比总损耗的影响（三）

（e）11 次；（f）15 次

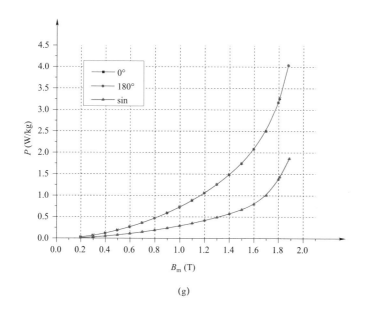

(g)

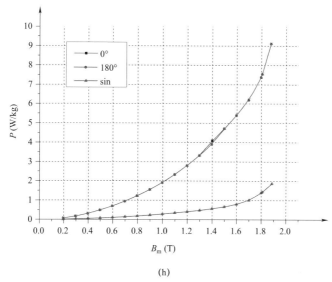

(h)

图 4-26　谐波含量为 10%时，不同谐波次数对普通取向
硅钢比总损耗的影响（四）

（g）20 次；（h）40 次

4.2.2.3 不同谐波含量对硅钢材料磁性能的影响

图 4-27 为相位差为 0°，基波叠加不同含量 3 次谐波对超薄取向硅钢磁特性的影响。从图 4-27 可以看出，随着谐波含量的增加，磁感应强度波形的畸变程度逐渐增加。当相位差为 0° 时，磁感应强度波形顶部逐渐变尖；当磁感应强度在零附近时，波形畸变严重，磁滞回线向内收缩，在该位置处磁滞回线面积有减小趋势。高次谐波含量不同对磁场强度的影响也存在差别。谐波含量较高的磁滞回线的顶部向外扩大，在该位置处磁滞回线面积有增大趋势。总体来看，在这种情况下，当不同含量的谐波作用时，磁滞回线的面积变化并不大。图 4-28 给出了相位差为 0°，基波叠加不同含量 3 次谐波对超薄取向硅钢比总损耗的影响。对比结果表明，不同谐波含量作用下，超薄取向硅钢的比总损耗变化不明显。随着谐波含量的增加，比总损耗略有增加。

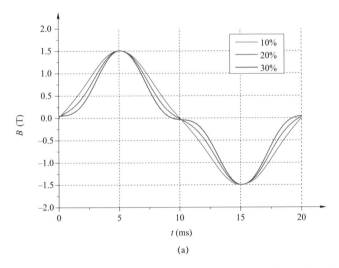

(a)

图 4-27   相位差为 0°，基波叠加不同含量 3 次谐波对超薄取向
硅钢磁特性的影响（$B_m = 1.5T$）（一）

（a）磁感应强度

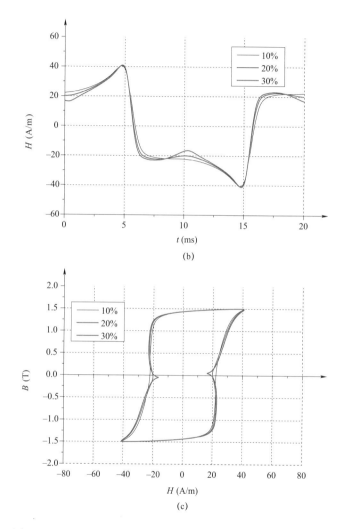

图 4－27　相位差为 0°，基波叠加不同含量 3 次谐波对超薄取向
硅钢磁特性的影响（$B_m = 1.5T$）（二）

（b）磁场强度；（c）磁滞回线

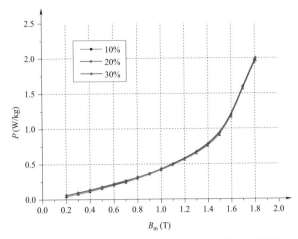

图 4－28　相位差为 0°，基波叠加不同含量 3 次谐波对
超薄取向硅钢比总损耗的影响

图 4－29 为相位差为 180°，基波叠加不同含量 3 次谐波对超
薄取向硅钢磁特性的影响。图中数据表明：当谐波相位差为 180°
时，磁感应强度波形顶部出现平顶，随着谐波含量的增加，磁感

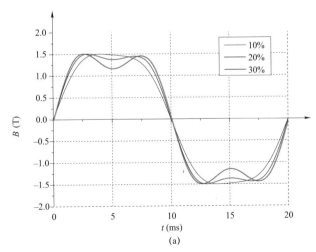

(a)

图 4－29　相位差为 180°，基波叠加不同含量 3 次谐波对
超薄取向硅钢磁特性的影响（$B_{\mathrm{m}} = 1.5\mathrm{T}$）（一）
（a）磁感应强度

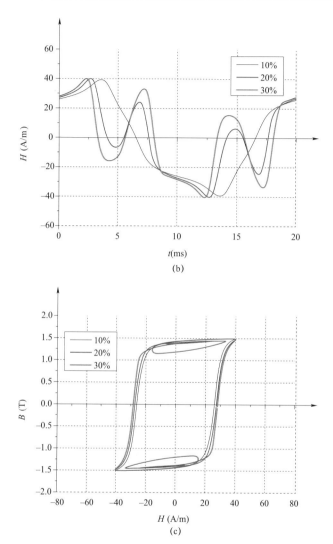

图 4 - 29　相位差为 180°，基波叠加不同含量 3 次谐波对
超薄取向硅钢磁特性的影响（$B_m = 1.5T$）（二）
（b）磁场强度；（c）磁滞回线

应强度顶部畸变逐渐严重，出现局部的波峰与波谷，磁滞回线中
产生了局部的小回环。由于局部小回环出现在磁感应强度较高的位

置处，磁感应强度越高，磁化所需要的能量就越大，因此在该位置处磁场强度的变化也越剧烈，小回环面积也较大。图 4-30 为相位差为 180°，基波叠加不同含量 3 次谐波对超薄取向硅钢比总损耗的影响。随着谐波含量的增加，超薄取向硅钢的比总损耗增加明显。

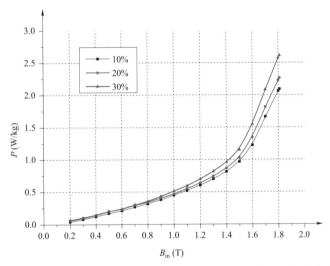

图 4-30   相位差为 180°，基波叠加不同含量 3 次谐波对超薄取向
硅钢比总损耗的影响

需要说明的是，当谐波次数小于 15 次时，谐波含量对超薄取向硅钢磁感应强度、磁场强度及磁滞回线的影响规律具有相似之处。当相位差为 0° 时，磁感应强度波形顶部均呈现出尖状，不同之处在于随着谐波次数及谐波含量的增加，会出现局部的小回环。图 4-31 为相位差为 0°，基波叠加不同含量 5 次谐波对超薄取向硅钢磁特性的影响。局部小回环的出现会使谐波相位差为 0° 时的超薄取向硅钢的比总损耗明显增加。图 4-32 为相位差为 0°，基波叠加不同含量 5 次谐波对超薄取向硅钢比总损耗的影响。当相位差为 180° 时，磁感应强度顶部均呈现出平顶状，谐波次数越高，谐波含量越大，局部小回环的数量及面积也越大，超薄取向硅钢的比总损耗增加越明显。图 4-33 与图 4-34 分别为相位差为 180°

时，基波叠加不同含量 5 次谐波对超薄取向硅钢磁特性及比总损耗的影响。

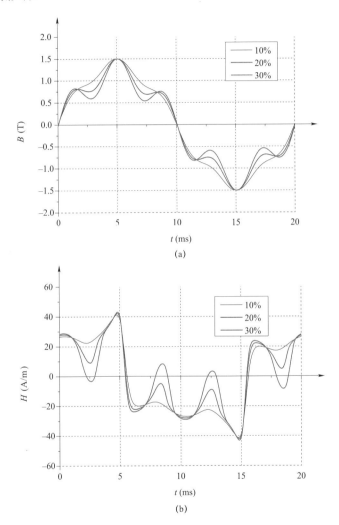

图 4-31　相位差为 0°，基波叠加不同含量 5 次谐波对超薄取向硅钢磁
　　　　特性的影响（$B_m = 1.5T$）（一）

(a) 磁感应强度；(b) 磁场强度

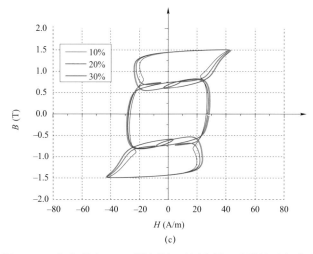

(c)

图 4-31　相位差为 0°，基波叠加不同含量 5 次谐波对超薄取向
硅钢磁特性的影响（B_m = 1.5T）（二）
（c）磁滞回线

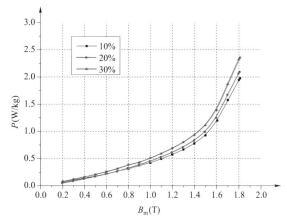

图 4-32　相位差为 0°，基波叠加不同含量 5 次谐波对超薄取向
硅钢比总损耗的影响

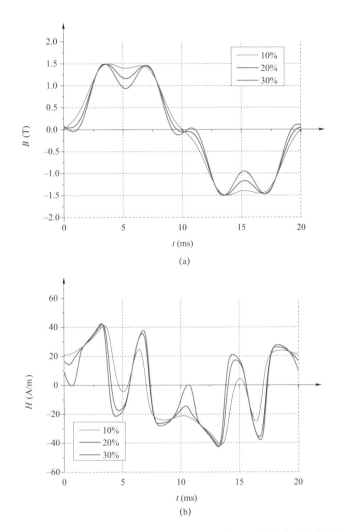

图 4-33　相位差为 180°，基波叠加不同含量 5 次谐波对超薄取向
硅钢磁特性的影响（$B_m = 1.5T$）（一）

（a）磁感应强度；（b）磁场强度

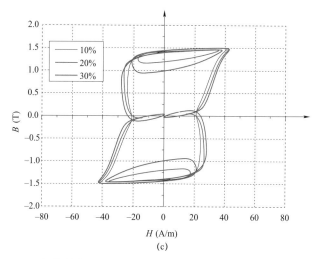

图 4-33 相位差为 180°，基波叠加不同含量 5 次谐波对超薄取向
硅钢磁特性的影响（$B_m = 1.5T$）（二）

（c）磁滞回线

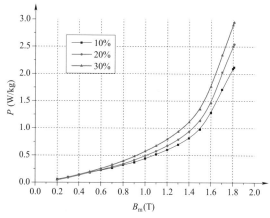

图 4-34 相位差为 180°，基波叠加不同含量 5 次谐波对超薄取向
硅钢比总损耗的影响

当谐波次数大于 15 次时，谐波相位差不再影响超薄取向硅钢的比总损耗。磁感应强度波形上出现连续密集的局部波峰与波谷，磁滞回线中局部小回环的数量明显增多，超薄取向硅钢的比总损耗显著增长。图 4-35 与图 4-36 分别为基波叠加不同含量 20 次谐波对超薄取向硅钢磁特性和比总损耗的影响。

在不同谐波含量作用下，普通取向硅钢与超薄取向硅钢的磁性能的变化规律相同。图 4-37 为 23QG100 普通取向硅钢比总损耗随谐波含量变化的测量结果。

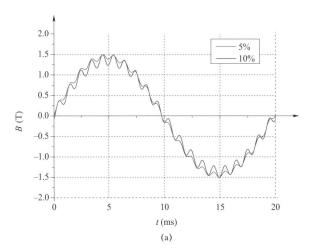

(a)

图 4-35　基波叠加不同含量 20 次谐波对超薄取向硅钢磁
　　　　　特性的影响（$B_{\mathrm{m}} = 1.5\mathrm{T}$）（一）

（a）磁感应强度

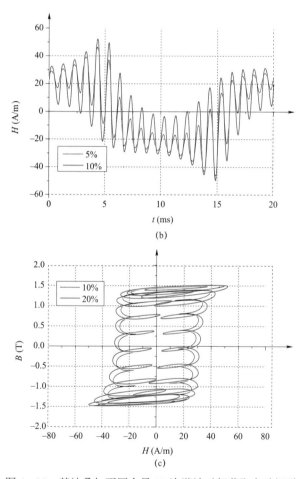

图 4-35　基波叠加不同含量 20 次谐波对超薄取向硅钢磁
　　　　特性的影响（$B_\mathrm{m}=1.5\mathrm{T}$）（二）
（b）磁场强度；（c）磁滞回线

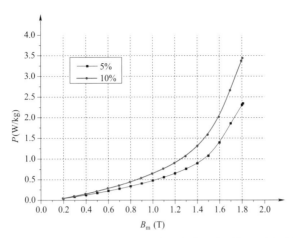

图 4 - 36　基波叠加不同含量 20 次谐波对超薄取向硅钢比总损耗的影响

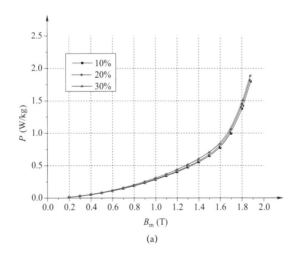

(a)

图 4 - 37　23QG100 普通取向硅钢比总损耗随谐波含量变化的
测量结果（一）

（a）3 次谐波，0°相位差

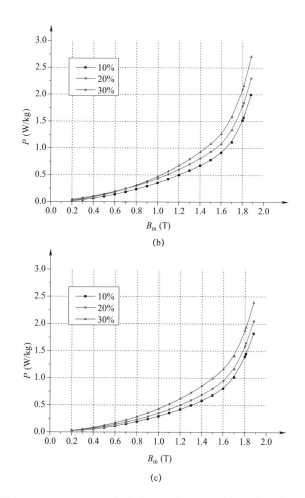

图 4－37　23QG100 普通取向硅钢比总损耗随谐波含量变化的
测量结果（二）

（b）3 次谐波，180°相位差；（c）5 次谐波，0°相位差

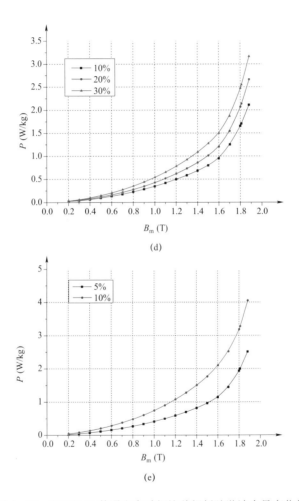

图 4-37　23QG100 普通取向硅钢比总损耗随谐波含量变化的
测量结果（三）

（d）5 次谐波，180°相位差；（e）20 次谐波，0°相位差

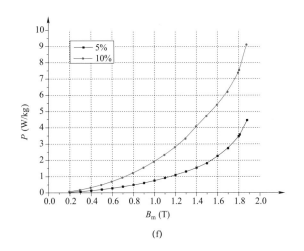

(f)

图 4-37　23QG100 普通取向硅钢比总损耗随谐波含量变化的
测量结果（四）

（f）40 次谐波，0° 相位差

4.2.2.4　GT100 超薄取向硅钢与 23QG100 普通取向硅钢比总损耗对比分析

图 4-38 为当谐波含量为 10% 时，超薄取向硅钢与普通取向硅钢比总损耗的对比结果。从对比结果可以看出，当谐波次数小于 15 次时，超薄取向硅钢的比总损耗高于普通取向硅钢的比总损耗；当谐波次数达到 15 次即临界值时，二者的比总损耗相当；当谐波次数超过 15 次的临界值时，超薄取向硅钢高频损耗低的优势逐渐开始显现。谐波次数越高，超薄取向硅钢损耗低的优势越明显。

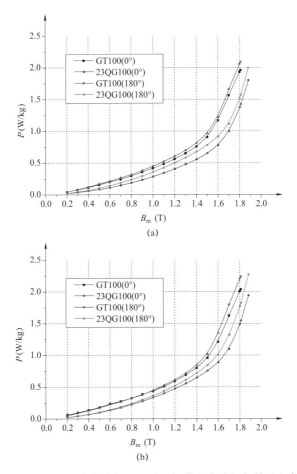

图 4-38　当谐波含量为 10% 时，超薄取向硅钢与普通取向
硅钢比总损耗的对比结果（一）

（a）3 次谐波；（b）7 次谐波

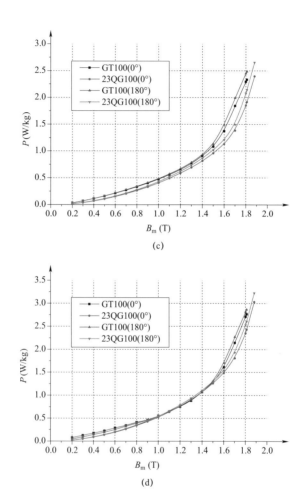

图 4 - 38 当谐波含量为 10%时，超薄取向硅钢与普通取向
硅钢比总损耗的对比结果（二）

（c）11 次谐波；（d）15 次谐波

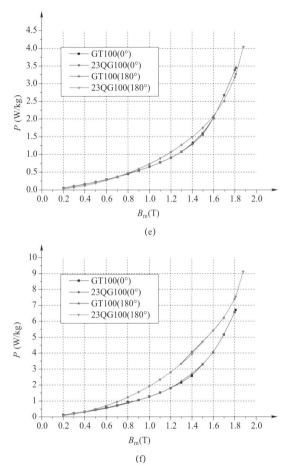

图 4 – 38　当谐波含量为 10%时，超薄取向硅钢与普通取向
硅钢比总损耗的对比结果（三）

（e）20 次谐波；（f）40 次谐波

　　图 4 – 39 与图 4 – 40 分别给出了当谐波含量为 20%与 30%时，
超薄取向硅钢与普通取向硅钢比总损耗的对比结果。对比结果表
明，谐波含量为 20%时，超薄取向硅钢高频损耗低的优势逐渐开

始显现，此时谐波次数临界值为 9～11 次。当谐波含量为 30%时，谐波次数临界值为 7 次。

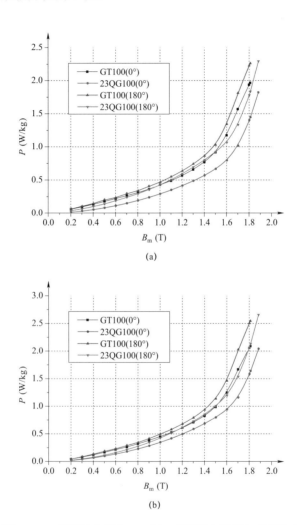

(a)

(b)

图 4-39　当谐波含量为 20%时，超薄取向硅钢与普通取向
硅钢比总损耗的对比结果（一）

（a）3 次谐波；（b）5 次谐波

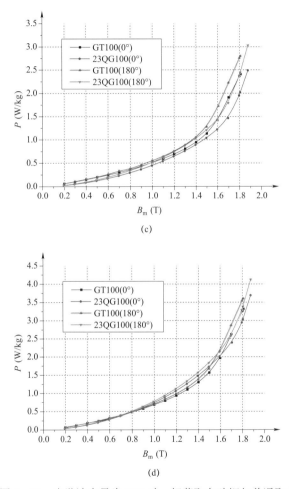

(c)

(d)

图 4-39　当谐波含量为 20%时，超薄取向硅钢与普通取向
　　　　硅钢比总损耗的对比结果（二）

（c）7 次谐波；（d）11 次谐波

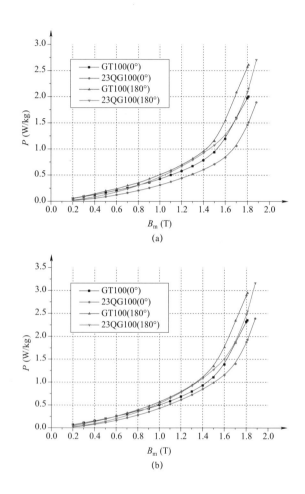

图 4-40 当谐波含量为 30%时，超薄取向硅钢与普通取向
硅钢比总损耗的对比结果（一）

（a）3 次谐波；（b）5 次谐波

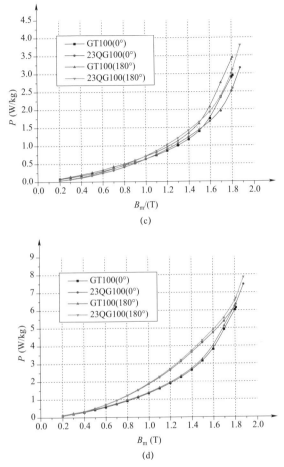

图 4-40　当谐波含量为 30% 时，超薄取向硅钢与普通取向
硅钢比总损耗的对比结果（二）

（c）7 次谐波；（d）15 次谐波

从以上结果可以看出，超薄取向硅钢与普通取向硅钢谐波次数的临界值与谐波含量直接相关。谐波含量越高，谐波次数的临界值越低；谐波含量越低，谐波次数的临界值越高。图 4-41 为当谐波含量为 5% 时，超薄取向硅钢与普通取向硅钢比总损耗的对比

结果。从图 4-41 可以看出，当谐波含量较低，谐波次数高达 20 次时，仍未达到超薄取向硅钢与普通取向硅钢比总损耗谐波次数的临界值。

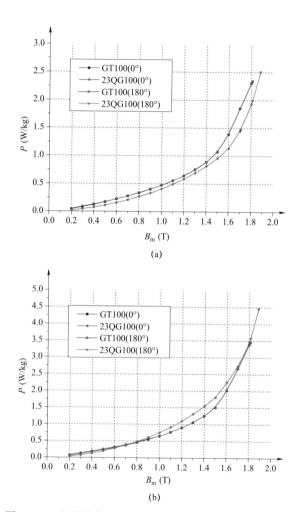

图 4-41　当谐波含量为 5% 时，超薄取向硅钢与普通取向
硅钢比总损耗的对比结果

（a）20 次谐波；（b）40 次谐波

4.2.3　SPWM 脉宽调制工况下超薄取向硅钢的测量

采用爱泼斯坦方圈对 SPWM 脉宽调制工况下超薄取向硅钢的磁性能进行测量。SPWM 脉宽调制方式可分为双极性与单极性两种。两种脉宽调制方式的电压波形不同，相应的磁性能也不同。图 4-42 为双极性与单极性脉宽调制电压的输出波形。

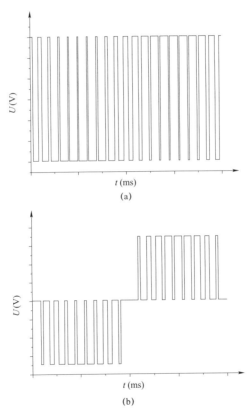

图 4-42　双极性与单极性脉宽调制电压的输出波形

（a）双极性；（b）单极性

4.2.3.1　双极性脉宽调制工况对超薄取向硅钢材料磁性能的影响

图 4-43 为调制波频率为 50Hz，调制比为 1.1 时，不同载波

频率对超薄取向硅钢磁特性的影响。从图 4-43 可以看出，随着载波频率的提高，磁感应强度的谐波次数增加，谐波含量减小，表现为磁感应强度的波形更加平滑。从磁滞回线的结果可以看出，载波频率较低时，谐波次数相对较低，但谐波含量较大，使磁滞回线中出现了较多的局部小回环。而载波频率较高时，尽管谐波

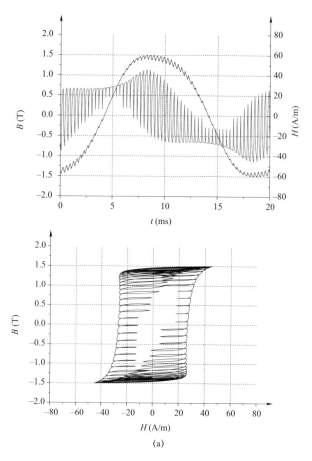

图 4-43　调制波频率为 50Hz，调制比为 1.1 时，不同载波频率对超薄取向硅钢磁特性的影响（一）
（a）载波频率 3kHz

次数明显增加，但谐波含量也随之减小，磁滞回线中并未形成局部小回环。图4－44为调制波频率为50Hz，双极性脉宽调制工况下，不同载波频率对超薄取向硅钢比总损耗的影响。结果表明，随着载波频率的增加，超薄取向硅钢的比总损耗降低。

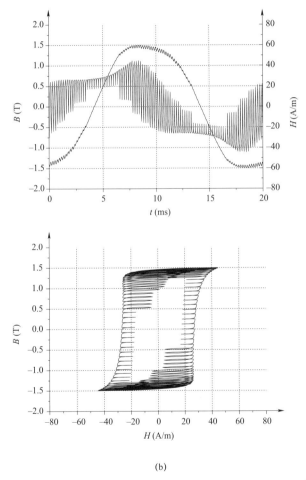

(b)

图4－43 调制波频率为50Hz，调制比为1.1时，不同载波频率对
超薄取向硅钢磁特性的影响（二）

（b）载波频率5kHz

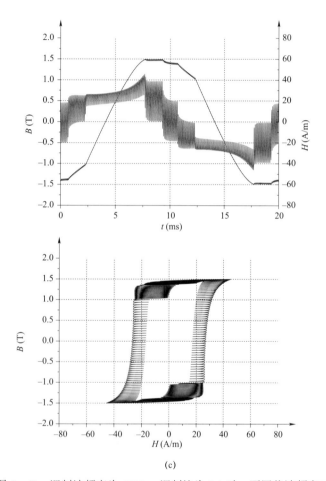

（c）

图 4-43　调制波频率为 50Hz，调制比为 1.1 时，不同载波频率对
超薄取向硅钢磁特性的影响（三）

（c）载波频率 10kHz

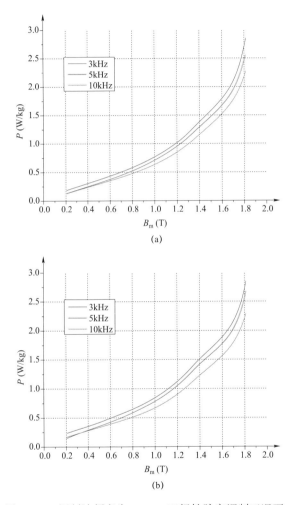

图 4 - 44　调制波频率为 50Hz，双极性脉宽调制工况下，
不同载波频率对超薄取向硅钢比总损耗的影响（一）

（a）调制比 1.1；（b）调制比 1.2

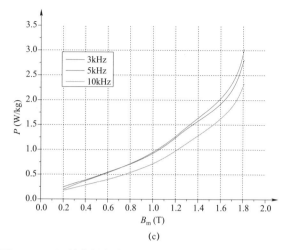

图 4－44　调制波频率为 50Hz，双极性脉宽调制工况下，
不同载波频率对超薄取向硅钢比总损耗的影响（二）

（c）调制比 1.3

　　图 4-45 为调制波频率为 50Hz，载波频率为 3kHz 时，不同调制比对超薄取向硅钢磁特性的影响。从图 4-45 可以看出，在载波频率相同时，随着调制比的增加，磁滞回线中的局部小回环逐渐增加。

　　图 4-46 为调制波频率为 50Hz，双极性脉宽调制工况下，不同调制比对超薄取向硅钢比总损耗的影响。在载波频率相同时，随着调制比的增加比总损耗增加。

4.2.3.2　单极性脉宽调制工况对超薄取向硅钢材料磁性能的影响

　　单极性脉宽调制工况对超薄取向硅钢比总损耗的影响与双极性脉宽调制工况具有相同的规律。当调制比相同时，随着载波频率的增加，超薄取向硅钢的比总损耗降低。单极性脉宽调制工况下，不同载波频率对超薄取向硅钢比总损耗的影响，如图 4-47 所示。当载波频率相同时，随着调制比的增加，超薄取向硅钢的

比总损耗增加。单极性脉宽调制工况下，不同调制比对超薄取向
硅钢比总损耗的影响，如图 4-48 所示。

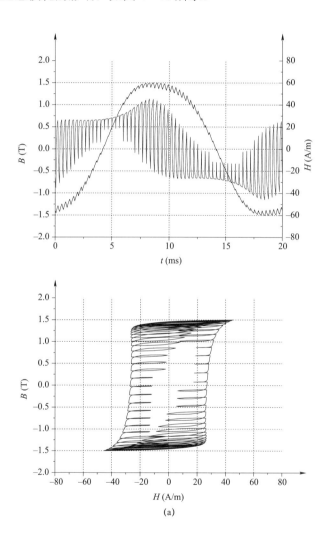

图 4-45　调制波频率为 50Hz，载波频率为 3kHz 时，
不同调制比对超薄取向硅钢磁特性的影响（一）

（a）调制比 1.1

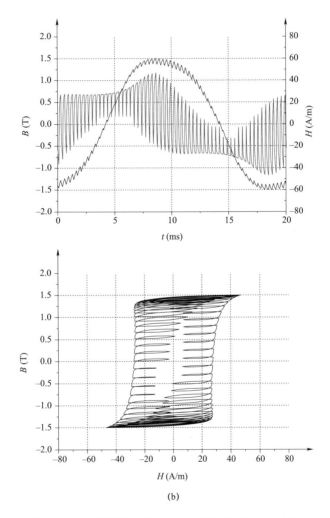

(b)

图 4 – 45 调制波频率为 50Hz，载波频率为 3kHz 时，
不同调制比对超薄取向硅钢磁特性的影响（二）

（b）调制比 1.2

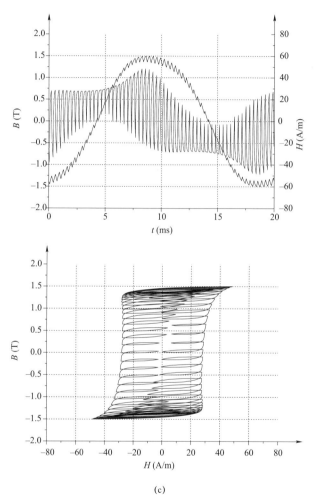

（c）

图 4 - 45　调制波频率为 50Hz，载波频率为 3kHz 时，
不同调制比对超薄取向硅钢磁特性的影响（三）

（c）调制比 1.3

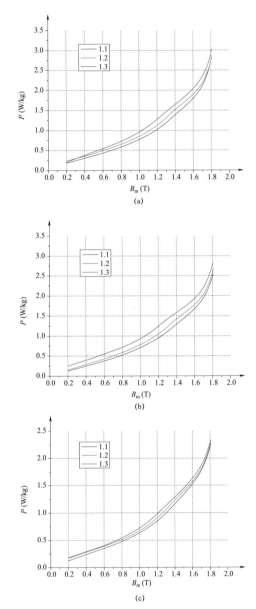

图 4-46　调制波频率为 50Hz，双极性脉宽调制工况下，不同调制比对
超薄取向硅钢比总损耗的影响

（a）载波频率 3kHz；（b）载波频率 5kHz；（c）载波频率 10kHz

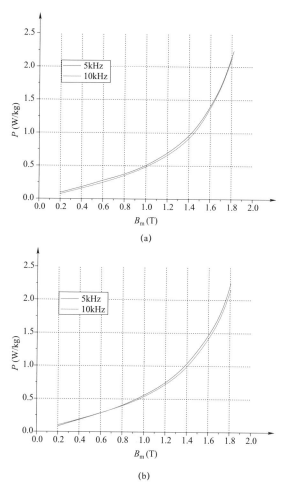

图 4 - 47　单极性脉宽调制工况下，不同载波频率对
　　　　　超薄取向硅钢比总损耗的影响

（a）调制比 1.1；（b）调制比 1.3

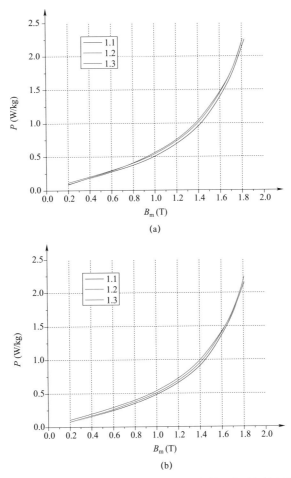

(a)

(b)

图 4-48　单极性脉宽调制工况下，不同调制比对超薄取向硅钢比总损耗的影响

（a）载波频率 5kHz；（b）载波频率 10kHz

　　尽管单极性与双极性脉宽调制工况对超薄取向硅钢比总损耗
的影响规律一致，但二者之间仍存在差别。图 4-49 给出了调制波
频率为 50Hz，载波频率为 5kHz，调制比为 1.2 时，双极性与单极
性脉宽调制工况下超薄取向硅钢磁特性的对比。从图 4-49 可以
看出，在调制波频率、载波频率、调制比相同时，双极性脉宽调
制工况下磁感应强度、磁场强度的波动相对较大，磁滞回线中局

部小回环包围的面积也较大。由此可见，在双极性脉冲工况下超薄取向硅钢的比总损耗会稍大一些。图 4-50 与图 4-51 分别为载波频率为 5kHz 与 10kHz 时，不同调制比下双极性与单极性脉宽调制工况下超薄取向硅钢比总损耗曲线的对比。

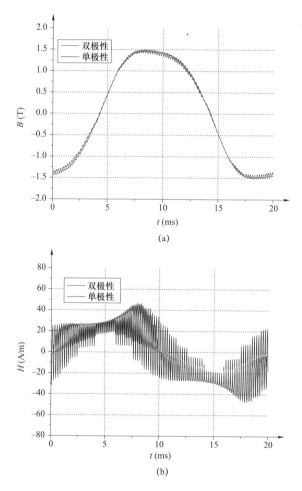

(a)

(b)

图 4-49 当调制波频率为 50Hz，载波频率为 5kHz，调制比为 1.2 时，双极性与单极性脉宽调制工况下超薄取向硅钢磁特性的对比（一）

（a）磁感应强度；（b）磁场强度

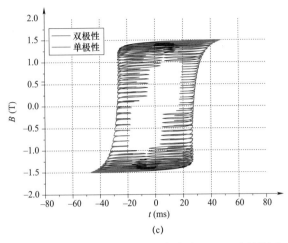

(c)

图 4 - 49　当调制波频率为 50Hz，载波频率为 5kHz，调制比为 1.2 时，
双极性与单极性脉宽调制工况下超薄取向硅钢磁特性的对比（二）

（c）磁滞回线

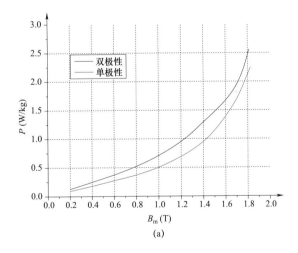

(a)

图 4 - 50　当载波频率为 5kHz 时，不同调制比下双极性与单极性
脉宽调制工况下超薄取向硅钢比总损耗曲线的对比（一）

（a）调制比 1.1

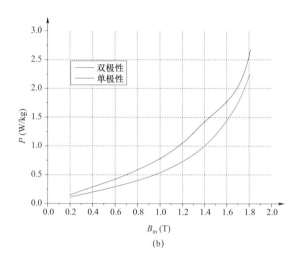

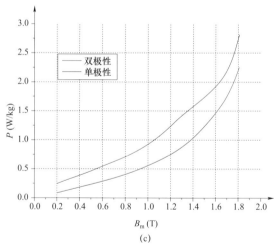

图 4-50　当载波频率为 5kHz 时，不同调制比下双极性与单极性
脉宽调制工况下超薄取向硅钢比总损耗曲线的对比（二）

（b）调制比 1.2；（c）调制比 1.3

4.2.3.3　脉宽调制工况对超薄取向硅钢与普通取向硅钢材料磁性能影响的对比

图 4-52 为双极性脉宽调制工况下，当调制比为 1.1 时，不同载波频率下超薄取向硅钢与普通取向硅钢比总损耗曲线的对比。

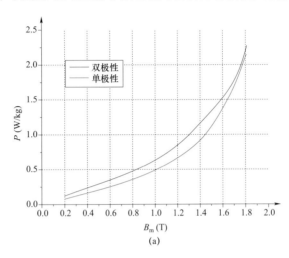

(a)

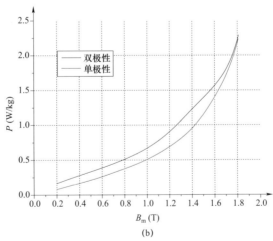

(b)

图 4-51　当载波频率为 10kHz 时，不同调制比下双极性与单极性脉宽
调制工况下超薄取向硅钢比总损耗曲线的对比（一）

（a）调制比 1.1；（b）调制比 1.2

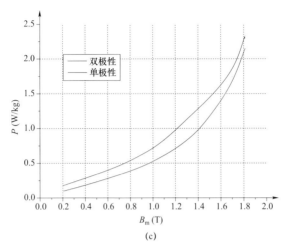

图 4-51　当载波频率为 10kHz 时，不同调制比下双极性与单极性脉宽
调制工况下超薄取向硅钢比总损耗曲线的对比（二）

（c）调制比 1.3

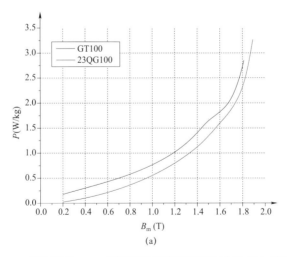

图 4-52　调制比为 1.1，不同载波频率下超薄取向硅钢与普通取向
硅钢比总损耗曲线的对比（双极性脉宽调制工况）（一）

（a）载波频率 3kHz

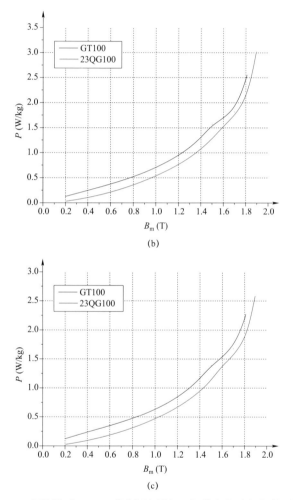

图 4 – 52　调制比为 1.1，不同载波频率下超薄取向硅钢与普通取向
硅钢比总损耗曲线的对比（双极性脉宽调制工况）（二）
（b）载波频率 5kHz；（c）载波频率 10kHz

图 4-53 为单极性脉宽调制工况下，当调制比为 1.3 时，不同载波频率下超薄取向硅钢与普通取向硅钢比总损耗曲线的对比。

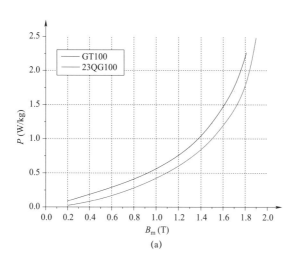

(a)

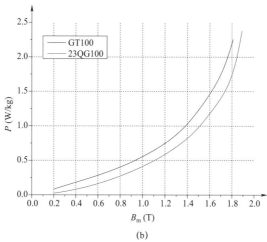

(b)

图 4-53　调制比为 1.3，不同载波频率下超薄取向硅钢与普通取向硅钢比
总损耗曲线的对比（单极性脉宽调制工况）（一）
（a）载波频率 3kHz；（b）载波频率 5kHz

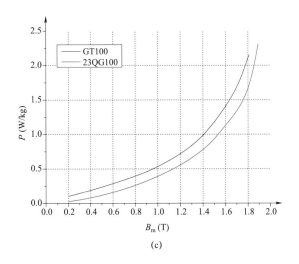

图 4 – 53　调制比为 1.3，不同载波频率下超薄取向硅钢与普通取向硅钢比
总损耗曲线的对比（单极性脉宽调制工况）（二）
（c）载波频率 10kHz

　　从以上比总损耗的对比可以看出，当调制波频率为 50Hz，载波频率与调制比相同时，无论是双极性工况还是单极性工况，普通取向硅钢的比总损耗均低于超薄取向硅钢的比总损耗。在进行材料选择时，应优先考虑低频性能更优的普通取向硅钢。

4.3　本章小结

　　（1）温度对超薄取向硅钢磁化曲线、饱和磁滞回线及比总损耗均有不同程度的影响。在未饱和区域随着温度的升高磁导率增加，而在饱和区域随着温度的升高磁导率下降。温度对超薄取向硅钢饱和磁滞回线的影响主要表现为随着温度的增加饱和磁感 B_s、剩磁 B_r 及矫顽力 H_c 均线性降低。比总损耗随着温度的升高而降低，相比常温条件，磁感应强度越低，比总损耗相差越明显。在 120℃高温下，磁感应强度为 1.0～1.8T，比总损耗降低了 5%～10%。

（2）在不同频率正弦磁化条件下，随着频率的增加取向硅钢材料的损耗逐渐增高。频率对未饱和区域取向硅钢材料的磁化曲线影响较大，对饱和区域磁化曲线影响不大。在未饱和区域，取向硅钢材料的导磁性能随着频率的增加逐渐降低，达到饱和后，导磁性能基本相同，饱和磁感应强度不随频率的增加而变化。

不同频率对超薄取向硅钢与普通取向硅钢的影响不同。不同频率条件下，普通取向硅钢磁化曲线的差别更加明显。随着频率的增加，普通取向硅钢磁滞回线顶部形状更加接近矩形，剩磁 B_r 较高，磁滞回线的面积增加相对明显，相应的比总损耗增加较大。

普通取向硅钢更适用于低频段的应用，超薄取向硅钢更适用于中频及以上频段的应用。在低频区域，普通取向硅钢的损耗更低。随着频率的增加，频率对普通取向硅钢的影响逐渐增强，当频率达到 200Hz 以上时，频率对普通取向硅钢的影响超过了对超薄取向硅钢的影响，超薄取向硅钢的损耗更低。

（3）当基波频率为 50Hz，叠加不同高次谐波时，磁感应强度波形与磁滞回线随着谐波与基波相位差的变化而变化。当叠加的谐波次数较低时（小于 15 次），相位差对磁感应强度波形影响较大，比总损耗随着相位差的增加而增大。当叠加的谐波次数较高时（大于 15 次），不同相位差对磁感应强度波形的影响基本相同，比总损耗不随相位差的变化而变化。谐波次数越高，磁滞回线中越容易出现较多的局部小回环，取向硅钢材料的比总损耗增加也越明显。当谐波次数与相位差不变时，随着谐波含量的增加，比总损耗逐渐增加。比总损耗增加的幅度取决于磁感应强度的波形，当磁感应强度波形中存在局部波峰与波谷时，比总损耗随着谐波含量的增加变化较为明显。

（4）当基波频率为 50Hz，基波叠加不同高次谐波时，超薄取向硅钢与普通取向硅钢存在谐波次数的临界值。在临界值以下，普通取向硅钢的损耗更低，超过临界值后，超薄取向硅钢的损耗更低。谐波次数临界值随着谐波含量的增加而降低。当谐波含量为 5%时，谐波次数临界值超过了 20 次。当谐波含量为 10%时，谐波次数临界值为 15。当谐波含量为 20%时，谐波次数临界值为 9 或 11。当谐波含量为 30%时，谐波次数临界值为 7。

（5）载波频率与调制比直接影响取向硅钢材料在 SPWM 脉宽调制工况下的损耗特性。当调制波频率为 50Hz，调制比不变时，随着载波频率的提高，磁感应强度的谐波次数增加，谐波含量减小，取向硅钢材料的比总损耗降低。当调制波频率为 50Hz，载波频率不变时，随着调制比的增加，磁滞回线中的局部小回环逐渐增加，取向硅钢材料的比总损耗增加。单极性脉宽调制工况对取向硅钢材料比总损耗的影响与双极性脉宽调制工况对比总损耗影响的规律相同，但双极性脉宽调制工况下取向硅钢的比总损耗要比单极性脉宽调制工况下的比总损耗低。

当调制波频率为 50Hz，载波频率与调制比相同时，无论是双极性工况还是单极性工况，普通取向硅钢的比总损耗均低于超薄取向硅钢的比总损耗。在进行材料选择时，应优先考虑低频性能更优的普通取向硅钢。当调制波频率为中高频时，超薄取向硅钢的损耗将更低，建议优先选择超薄取向硅钢。

第5章

中频超薄取向硅钢综合性能评估

中频超薄取向硅钢的厚度小于等于 0.10mm，与普通取向硅钢相比，其厚度减小了 1~2 倍，厚度越小，制备的难度也越大。目前，在超薄取向硅钢制备领域，技术最为领先的是日本金属公司（简称"日金"）。我国在超薄取向硅钢制备领域，起步相对较晚，只有少数几个民营企业能够制备出超薄取向硅钢带材，但在性能及稳定性上与日金相比还存在不小的差距，长期以来我国高端超薄取向硅钢材料均依赖于进口。近几年，随着高端超薄取向硅钢应用领域的扩大，我国逐步增加了对超薄取向硅钢材料研发的投入。目前，我国超薄取向硅钢的制备水平已经有了明显的提高，制备出的超薄取向硅钢的性能与日金逐渐缩小。

本章将对日本金属公司与我国生产的超薄取向硅钢带材开展批量的抽样检测评估，全面评估进口与国产超薄取向硅钢带材的综合性能，掌握进口与国产超薄取向硅钢带材性能上的差距，为国产超薄取向硅钢带材质量的提高提供数据参考。

5.1 中频超薄取向硅钢综合性能评估方法

为了有效评估进口与国产超薄取向硅钢带材的综合性能，随机抽取 6 卷进口带材与 6 卷国产带材，分别在抽取的超薄取向硅钢带卷的头部进行取样测量。测量项目包括带材厚度、叠装系数、典型磁性能、磁致伸缩噪声及涂层绝缘电阻等项目。

（1）带材厚度评估方法。带材厚度是否均匀会在一定程度上影响后续铁心的卷绕及成型。为了评估每卷带材的厚度情况，在每卷带卷的头部位置取 30mm×300mm 的样品各 50 片，长度方向为轧制方向。采用千分尺对每片样品的厚度进行测量。

（2）叠装系数评估方法。叠装系数按照 GB/T 19289—2003《电工钢片（带）的密度、电阻率和叠装系数的测量方法》进行测量。分别在每卷头部位置取样 5 副，每副样品 100 片，每片尺寸为 30mm×300mm，长度方向为轧制方向。

（3）典型磁性能评估方法。超薄取向硅钢典型磁性能参考冶金行业标准 YB/T 5224—2014《中频用电工钢薄带》的规定进行测量。随机选取国产及进口超薄取向硅钢带卷各 6 卷，在每卷头部位置取爱泼斯坦方圈样品 15 副，每副样品 52 片。重点评估在 400Hz 频率下，磁感应强度幅值为 1.5T 时，超薄取向硅钢的比总损耗 $P_{1.5/400}$。在 400Hz 频率下，磁场强度为 800A/m 时，超薄取向硅钢的磁感应强度幅值，也称饱和磁感应强度，用 B_{800} 表示。

（4）磁致伸缩噪声评估方法。磁致伸缩噪声评估方法尚未形成相应的测量标准，可参考 IEC/TR 62581—2010《使用单片和爱泼斯坦方圈试样测量电工钢的磁致伸缩特性》中规定的方法进行测试。随机选取尺寸为 100mm×600mm 的进口超薄取向硅钢单片及国产超薄取向硅钢单片各 20 片，分别进行磁致伸缩噪声测试评估。被测样品的长度方向为轧制方向。

（5）涂层绝缘电阻评估方法。参考 GB/T 2522—2017《电工钢（带）涂层绝缘电阻和附着性测试方法》对超薄取向硅钢的涂层绝缘电阻进行测试。随机选取尺寸为 100mm×600mm 的进口超薄取向硅钢单片及国产超薄取向硅钢单片各 10 片，分别进行涂层绝缘电阻的测量。被测样品的长度方向为轧制方向。

5.2　中频超薄取向硅钢综合性能评估结果

按照第 5.1 节所述评估方法对进口与国产超薄取向硅钢的综

合性能开展测量评估，评估结果如下。

5.2.1　超薄取向硅钢带材厚度评估结果

表 5 - 1 与表 5 - 2 分别为标称厚度为 0.10mm 的进口超薄取向硅钢带材与标称厚度为 0.08mm 的国产超薄取向硅钢带材厚度的测量结果。

表 5 - 1　　0.10mm 进口超薄取向硅钢带材厚度测量结果　　　　mm

样品编号	第 1 卷	第 2 卷	第 3 卷	第 4 卷	第 5 卷	第 6 卷
1	0.105	0.102	0.105	0.105	0.103	0.105
2	0.103	0.103	0.104	0.102	0.104	0.104
3	0.104	0.102	0.105	0.103	0.103	0.104
4	0.105	0.104	0.103	0.103	0.104	0.105
5	0.103	0.103	0.105	0.103	0.103	0.103
6	0.103	0.102	0.105	0.102	0.103	0.103
7	0.102	0.104	0.106	0.103	0.106	0.105
8	0.103	0.103	0.105	0.102	0.104	0.103
9	0.104	0.103	0.105	0.101	0.105	0.106
10	0.104	0.103	0.104	0.101	0.105	0.104
11	0.107	0.103	0.106	0.101	0.104	0.104
12	0.107	0.102	0.105	0.104	0.103	0.103
13	0.107	0.102	0.105	0.104	0.105	0.105
14	0.106	0.102	0.104	0.102	0.105	0.105
15	0.105	0.102	0.104	0.104	0.105	0.105
16	0.105	0.102	0.105	0.106	0.104	0.103
17	0.106	0.102	0.105	0.103	0.104	0.104
18	0.103	0.101	0.104	0.101	0.104	0.102
19	0.102	0.100	0.105	0.104	0.106	0.102
20	0.103	0.102	0.104	0.101	0.104	0.106
21	0.106	0.103	0.103	0.108	0.103	0.104
22	0.104	0.101	0.103	0.103	0.103	0.102

续表

样品编号	第1卷	第2卷	第3卷	第4卷	第5卷	第6卷
23	0.103	0.101	0.103	0.103	0.106	0.105
24	0.103	0.102	0.105	0.104	0.106	0.105
25	0.104	0.101	0.103	0.102	0.108	0.102
26	0.101	0.100	0.103	0.103	0.105	0.104
27	0.105	0.100	0.102	0.103	0.103	0.106
28	0.104	0.101	0.103	0.103	0.102	0.101
29	0.102	0.101	0.103	0.107	0.105	0.101
30	0.104	0.101	0.103	0.105	0.102	0.106
31	0.102	0.104	0.103	0.103	0.103	0.105
32	0.100	0.101	0.102	0.105	0.105	0.104
33	0.102	0.101	0.101	0.103	0.103	0.105
34	0.101	0.103	0.102	0.104	0.108	0.106
35	0.102	0.101	0.102	0.105	0.104	0.105
36	0.101	0.101	0.101	0.103	0.103	0.105
37	0.1	0.103	0.103	0.104	0.103	0.104
38	0.102	0.101	0.101	0.103	0.102	0.104
39	0.104	0.102	0.103	0.105	0.103	0.101
40	0.104	0.102	0.101	0.105	0.101	0.104
41	0.103	0.104	0.104	0.103	0.104	0.102
42	0.103	0.100	0.099	0.103	0.104	0.103
43	0.101	0.104	0.101	0.104	0.106	0.099
44	0.101	0.103	0.101	0.105	0.105	0.101
45	0.102	0.104	0.105	0.103	0.105	0.102
46	0.101	0.103	0.102	0.102	0.103	0.103
47	0.103	0.103	0.102	0.103	0.105	0.102
48	0.101	0.106	0.103	0.105	0.103	0.100
49	0.102	0.103	0.103	0.103	0.106	0.101
50	0.100	0.101	0.102	0.103	0.104	0.103

表 5－2　　0.08mm 国产超薄取向硅钢带材厚度测量结果　　　mm

样品编号	第 1 卷	第 2 卷	第 3 卷	第 4 卷	第 5 卷	第 6 卷
1	0.084	0.083	0.087	0.087	0.087	0.086
2	0.085	0.082	0.087	0.086	0.085	0.089
3	0.083	0.081	0.088	0.088	0.087	0.084
4	0.084	0.082	0.085	0.085	0.088	0.088
5	0.084	0.088	0.088	0.085	0.086	0.089
6	0.085	0.082	0.084	0.085	0.085	0.086
7	0.084	0.086	0.086	0.084	0.084	0.089
8	0.081	0.082	0.090	0.083	0.09	0.084
9	0.083	0.086	0.083	0.084	0.086	0.089
10	0.084	0.083	0.086	0.085	0.086	0.091
11	0.085	0.085	0.087	0.088	0.084	0.09
12	0.085	0.085	0.085	0.087	0.083	0.088
13	0.084	0.085	0.086	0.086	0.084	0.086
14	0.082	0.085	0.086	0.083	0.083	0.089
15	0.082	0.085	0.088	0.087	0.083	0.088
16	0.084	0.085	0.085	0.083	0.082	0.088
17	0.083	0.085	0.089	0.089	0.082	0.088
18	0.082	0.085	0.084	0.082	0.083	0.089
19	0.085	0.087	0.087	0.086	0.082	0.088
20	0.083	0.083	0.086	0.081	0.083	0.087
21	0.085	0.086	0.087	0.086	0.082	0.088
22	0.084	0.087	0.085	0.082	0.081	0.087
23	0.084	0.081	0.086	0.08	0.083	0.085
24	0.084	0.087	0.086	0.081	0.082	0.087
25	0.084	0.085	0.083	0.079	0.087	0.088
26	0.084	0.086	0.085	0.078	0.081	0.088
27	0.086	0.085	0.086	0.081	0.083	0.088
28	0.083	0.086	0.086	0.082	0.084	0.088
29	0.084	0.087	0.086	0.081	0.084	0.086
30	0.083	0.082	0.086	0.082	0.082	0.088

样品编号	第1卷	第2卷	第3卷	第4卷	第5卷	第6卷
31	0.084	0.089	0.083	0.086	0.085	0.085
32	0.087	0.088	0.085	0.085	0.082	0.089
33	0.082	0.087	0.084	0.085	0.08	0.082
34	0.082	0.088	0.083	0.086	0.08	0.082
35	0.085	0.087	0.084	0.081	0.08	0.092
36	0.08	0.087	0.082	0.085	0.082	0.085
37	0.084	0.087	0.081	0.088	0.082	0.086
38	0.086	0.086	0.083	0.086	0.081	0.09
39	0.084	0.090	0.085	0.083	0.081	0.08
40	0.084	0.087	0.082	0.084	0.081	0.084
41	0.084	0.084	0.085	0.085	0.083	0.084
42	0.084	0.083	0.083	0.084	0.082	0.084
43	0.085	0.082	0.086	0.082	0.085	0.083
44	0.084	0.083	0.086	0.087	0.083	0.082
45	0.087	0.084	0.08	0.085	0.081	0.084
46	0.083	0.084	0.084	0.086	0.082	0.081
47	0.084	0.084	0.088	0.084	0.083	0.085
48	0.084	0.083	0.088	0.087	0.084	0.083
49	0.085	0.084	0.084	0.085	0.084	0.084
50	0.085	0.085	0.085	0.085	0.083	0.084

图 5-1 为进口超薄取向硅钢与国产超薄取向硅钢带材各卷厚度的统计分布结果。从图 5-1 可以看出，无论是进口带材，还是国产带材，即使是同一批次的带材，不同带卷间厚度的波动情况也是不同的。波动小的带卷厚度相对均匀，采用厚度均匀的带材绕制铁心时，铁心的外观更平整，绕制效率也相对较高。为了比较进口带材与国产带材厚度的均匀性，对进口带材与国产带材各卷厚度的离散情况进行了对比。表 5-3 给出了同一批次不同带卷厚度离散情况的对比数据。表中使用离散系数作为衡量厚度均匀

性的标准，离散系数小则厚度相对均匀。离散系数可以表示为

$$离散系数=\frac{标准差}{平均值}\times100\% \tag{5-1}$$

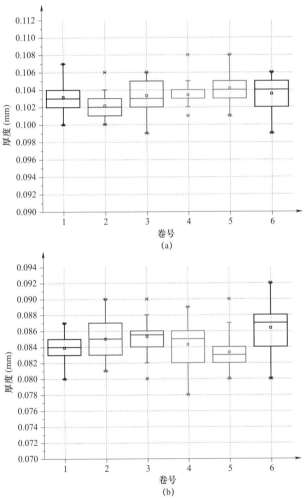

图 5-1 进口超薄取向硅钢与国产超薄取向硅钢带材
各卷厚度的统计分布结果

（a）进口带材；（b）国产带材

表 5-3　　同一批次不同带卷厚度离散情况的对比数据

生产厂家	卷号	平均值 （mm）	标准差 （mm）	最大值 （mm）	最小值 （mm）	离散系数 （%）
进口	1	0.103	0.002	0.107	0.100	1.94
	2	0.102	0.001	0.106	0.100	0.98
	3	0.103	0.002	0.106	0.099	1.94
	4	0.103	0.001	0.108	0.101	0.97
	5	0.104	0.001	0.108	0.101	0.96
	6	0.104	0.001	0.106	0.099	1.92
国产	1	0.084	0.001	0.087	0.080	1.19
	2	0.085	0.002	0.090	0.081	2.35
	3	0.085	0.002	0.090	0.080	2.35
	4	0.084	0.002	0.089	0.078	2.38
	5	0.083	0.002	0.090	0.080	2.41
	6	0.086	0.003	0.092	0.080	3.49

　　从表 5-3 中的数据可以看出，进口 0.10mm 带材同一批次不同带卷厚度离散系数为 1%～2%，国产 0.08mm 带材同一批次不同带卷厚度离散系数为 1%～4%。总体来看，同一批次国产 0.08mm 带材各卷间厚度的波动相对较大。

　　图 5-2 为同一批次超薄取向硅钢厚度的统计分布结果。从统计结果可以看出，进口 0.10mm 带材厚度为 0.103mm±0.001 7mm，离散系数约为 2%，95%以上的样品厚度大于 0.10mm；国产 0.08mm 带材厚度为 0.085mm±0.002 4mm，离散系数约为 3%，95%以上的样品厚度大于 0.08mm。总体来看，无论是同一批次不同带卷间厚度的对比，还是整个批次厚度的对比，国产 0.08mm 厚度的超薄取向硅钢均匀性略差。这主要是因为国产带材厚度较小，在制作过程中板材形状及涂层厚度等控制难度提高所致。

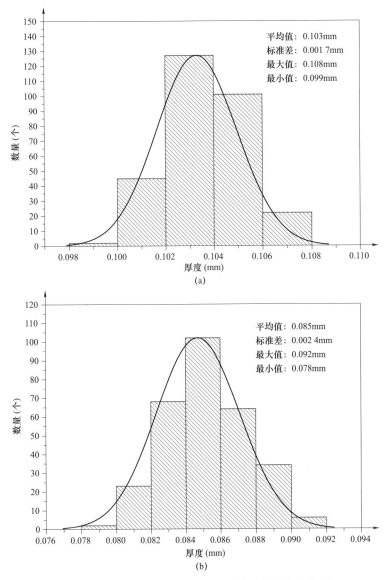

图 5-2　同一批次超薄取向硅钢厚度的统计分布情况

（a）进口带材；（b）国产带材

5.2.2 超薄取向硅钢带材叠装系数评估结果

表 5-4 为标称厚度为 0.10mm 的进口超薄取向硅钢带材与标称厚度为 0.08mm 的国产超薄取向硅钢带材叠装系数的测量结果。

表 5-4 0.10mm 进口及 0.08mm 国产超薄取向硅钢带材叠装系数的测量结果

卷号	样品编号	0.10mm 进口带材	0.08mm 国产带材
第 1 卷	1-1	0.984	0.973
	1-2	0.981	0.966
	1-3	0.974	0.962
	1-4	0.983	0.964
	1-5	0.983	0.984
第 2 卷	2-1	0.984	0.972
	2-2	0.978	0.970
	2-3	0.976	0.953
	2-4	0.979	0.982
	2-5	0.985	0.941
第 3 卷	3-1	0.983	0.971
	3-2	0.982	0.963
	3-3	0.975	0.960
	3-4	0.971	0.942
	3-5	0.981	0.953
第 4 卷	4-1	0.984	0.967
	4-2	0.984	0.970
	4-3	0.985	0.943
	4-4	0.991	0.982
	4-5	0.992	0.983
第 5 卷	5-1	0.984	0.968
	5-2	0.985	0.933
	5-3	0.984	0.957
	5-4	0.983	0.968
	5-5	0.985	0.949

续表

卷号	样品编号	0.10mm 进口带材	0.08mm 国产带材
第 6 卷	6-1	0.981	/
	6-2	0.985	0.966
	6-3	0.980	0.983
	6-4	0.986	0.952
	6-5	0.974	0.935

　　图 5-3 为同一批次不同带卷间超薄取向硅钢叠装系数的统计分布结果。从进口带材与国产带材的对比可以看出，同一批次不同带卷间，0.10mm 进口超薄取向硅钢带材叠装系数波动相对较小。表 5-5 为同一批次不同带卷叠装系数的离散情况对比数据。从对比结果可以看出，进口 0.10mm 带材同一批次不同带卷叠装系数的离散系数在 0.6%以下，国产 0.08mm 带材同一批次不同带卷叠装系数的离散系数为 0.9%~2.5%。

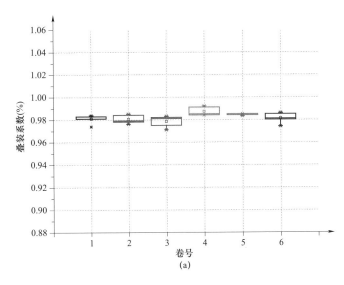

图 5-3　同一批次不同带卷间超薄取向硅钢叠装系数的统计分布结果（一）

（a）进口带材

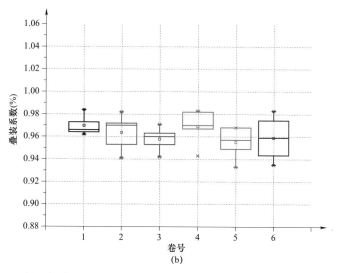

图 5-3 同一批次不同带卷间超薄取向硅钢叠装系数的统计分布结果（二）

（b）国产带材

表 5-5 同一批次不同带卷叠装系数的离散情况对比数据

生产厂家	卷号	平均值	标准差	最大值	最小值	离散系数（%）
进口	1	0.981	0.0041	0.984	0.974	0.41
	2	0.980	0.0039	0.985	0.976	0.40
	3	0.978	0.0052	0.983	0.971	0.53
	4	0.987	0.0040	0.992	0.984	0.40
	5	0.984	0.0008	0.985	0.983	0.08
	6	0.981	0.0048	0.986	0.974	0.49
国产	1	0.967	0.0090	0.984	0.962	0.93
	2	0.964	0.0164	0.982	0.941	1.70
	3	0.958	0.0109	0.971	0.942	1.14
	4	0.969	0.0162	0.983	0.943	1.67
	5	0.955	0.0147	0.968	0.933	1.54
	6	0.959	0.0204	0.983	0.935	2.13

表 5-6 为整个批次进口与国产超薄取向硅钢叠装系数的统计

分布数据。大多数 0.10mm 进口超薄取向硅钢叠装系数为 0.982±0.005，最小值为0.971，离散系数在1%以内。大多数0.08mm 国产超薄取向硅钢叠装系数为 0.962±0.015，最小值为 0.933，离散系数在 2% 以内。从以上对比结果可以看出，国产带材与进口带材在叠装系数方面仍存在差距。

表 5-6　　　整个批次进口与国产超薄取向硅钢带材叠装系数的统计分布数据

参数	生产厂家	平均值	标准差	最大值	最小值	离散系数（%）
叠装系数	进口	0.982	0.005	0.992	0.971	0.51
	国产	0.962	0.015	0.984	0.933	1.56

5.2.3　超薄取向硅钢带材典型磁性能评估结果

表 5-7 与表 5-8 分别为 0.10mm 进口超薄取向硅钢带材与 0.08mm 国产超薄取向硅钢带材比总损耗 $P_{1.5/400}$ 与饱和磁感应强度 B_{800} 的测量结果。

表 5-7　　　0.10mm 进口超薄取向硅钢带材比总损耗 $P_{1.5/400}$ 与饱和磁感应强度 B_{800} 的测量结果

分包编号	样品编号	$P_{1.5/400}$（W/kg）	B_{800}（T）
第 1 包	1	12.313	1.817
	2	12.267	1.818
	3	12.516	1.825
	4	12.507	1.828
	5	12.526	1.827
	6	12.284	1.821
	7	12.032	1.821
	8	11.762	1.823
	9	11.577	1.824
	10	12.778	1.818

续表

分包编号	样品编号	$P_{1.5/400}$（W/kg）	B_{800}（T）
第1包	11	12.008	1.821
	12	11.715	1.824
	13	11.794	1.827
	14	11.947	1.825
	15	11.930	1.822
第2包	1	11.865	1.826
	2	11.944	1.821
	3	11.834	1.824
	4	12.061	1.818
	5	12.059	1.815
	6	12.018	1.814
	7	11.985	1.824
	8	12.165	1.821
	9	12.057	1.815
	10	12.265	1.820
	11	12.238	1.822
	12	12.260	1.819
	13	12.260	1.819
	14	12.172	1.819
	15	\	\
第3包	1	12.571	1.822
	2	12.616	1.826
	3	12.471	1.831
	4	12.565	1.835
	5	12.494	1.833
	6	12.466	1.830
	7	12.521	1.822
	8	12.149	1.822
	9	12.438	1.821
	10	12.015	1.816

分包编号	样品编号	$P_{1.5/400}$（W/kg）	B_{800}（T）
第 3 包	11	12.052	1.822
	12	11.890	1.823
	13	12.548	1.823
	14	12.113	1.823
	15	12.586	1.827
第 4 包	1	12.692	1.832
	2	12.801	1.829
	3	12.858	1.827
	4	12.689	1.832
	5	12.298	1.823
	6	12.013	1.823
	7	12.358	1.819
	8	12.080	1.819
	9	12.043	1.819
	10	12.724	1.830
	11	12.821	1.833
	12	12.679	1.830
	13	12.525	1.830
	14	12.589	1.832
	15	12.755	1.830
第 5 包	1	12.297	1.822
	2	12.153	1.821
	3	12.009	1.825
	4	12.678	1.827
	5	12.639	1.827
	6	12.867	1.826
	7	12.219	1.821
	8	12.266	1.819
	9	12.241	1.823
	10	11.979	1.822

续表

分包编号	样品编号	$P_{1.5/400}$（W/kg）	B_{800}（T）
第5包	11	12.407	1.817
	12	12.768	1.817
	13	12.210	1.818
	14	12.580	1.823
	15	12.256	1.826
第6包	1	12.155	1.821
	2	12.057	1.823
	3	11.883	1.825
	4	12.516	1.823
	5	12.575	1.822
	6	12.414	1.823
	7	12.448	1.835
	8	12.102	1.825
	9	11.987	1.823
	10	12.040	1.827
	11	11.980	1.827
	12	12.053	1.811
	13	11.885	1.818
	14	11.930	1.819
	15	12.313	1.817

表 5－8 0.08mm 国产超薄取向硅钢带材比总损耗 $P_{1.5/400}$ 与
饱和磁感应强度 B_{800} 的测量结果

分包编号	样品编号	$P_{1.5/400}$（W/kg）	B_{800}（T）
第1包	1	11.796	1.854
	2	11.661	1.855
	3	11.698	1.862
	4	11.703	1.856
	5	12.610	1.789
	6	12.285	1.805

分包编号	样品编号	$P_{1.5/400}$（W/kg）	B_{800}（T）
第 1 包	7	11.682	1.872
	8	12.021	1.810
	9	14.229	1.754
	10	12.044	1.843
	11	13.113	1.789
	12	11.702	1.817
	13	12.009	1.869
	14	11.915	1.864
	15	12.051	1.848
第 2 包	1	11.663	1.829
	2	11.853	1.840
	3	12.452	1.792
	4	12.344	1.857
	5	12.031	1.864
	6	11.518	1.868
	7	12.130	1.811
	8	13.024	1.771
	9	11.616	1.850
	10	11.998	1.858
	11	12.071	1.860
	12	11.749	1.864
	13	10.982	1.829
	14	10.866	1.834
	15	11.576	1.836
第 3 包	1	11.744	1.867
	2	11.608	1.867
	3	11.765	1.867
	4	11.793	1.840
	5	13.974	1.741
	6	12.441	1.768

续表

分包编号	样品编号	$P_{1.5/400}$（W/kg）	B_{800}（T）
第 3 包	7	11.870	1.837
	8	11.899	1.838
	9	11.990	1.842
	10	12.186	1.774
	11	11.739	1.834
	12	12.896	1.780
	13	11.697	1.832
	14	11.813	1.766
	15	11.707	1.766
第 4 包	1	11.851	1.861
	2	11.048	1.836
	3	11.851	1.853
	4	12.158	1.802
	5	12.319	1.834
	6	12.995	1.792
	7	13.222	1.715
	8	13.057	1.721
	9	13.054	1.803
	10	12.113	1.852
	11	14.366	1.772
	12	13.694	1.798
	13	11.758	1.866
	14	11.642	1.865
	15	12.501	1.808
第 5 包	1	11.422	1.862
	2	11.585	1.863
	3	11.846	1.858
	4	11.510	1.827
	5	11.568	1.834
	6	11.837	1.833

续表

分包编号	样品编号	$P_{1.5/400}$（W/kg）	B_{800}（T）
第 5 包	7	12.446	1.841
	8	12.596	1.831
	9	12.267	1.850
	10	12.699	1.831
	11	11.585	1.864
	12	12.077	1.848
	13	11.276	1.837
	14	11.021	1.831
	15	11.113	1.835
第 6 包	1	11.248	1.815
	2	11.758	1.833
	3	11.552	1.859
	4	12.142	1.836
	5	11.727	1.864
	6	/	/
	7	11.795	1.869
	8	12.266	1.858
	9	11.686	1.840
	10	12.781	1.789
	11	12.279	1.836
	12	11.582	1.791
	13	11.619	1.793
	14	11.514	1.796
	15	11.796	1.854

图 5-4 与图 5-5 分别为同一批次不同超薄取向硅钢带卷比总损耗 $P_{1.5/400}$ 及饱和磁感应强度 B_{800} 的统计分布结果。从对比结果

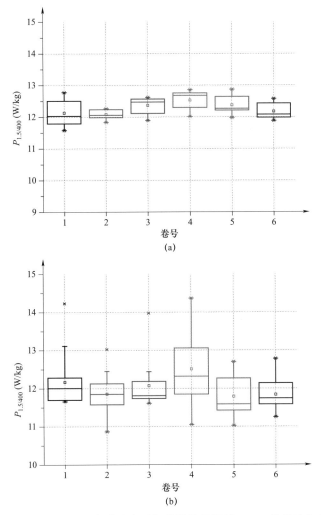

图 5-4 同一批次不同超薄取向硅钢带卷比总损耗 $P_{1.5/400}$ 的统计分布结果

（a）进口带材；（b）国产带材

可以看出，0.08mm 国产超薄取向硅钢比总损耗 $P_{1.5/400}$ 与饱和磁感应强度 B_{800} 的波动明显要大于 0.10mm 进口超薄取向硅钢。

表 5-9 与表 5-10 分别为同一批次不同超薄取向硅钢带卷比总损耗 $P_{1.5/400}$ 与饱和磁感应强度 B_{800} 的离散情况对比数据。进口

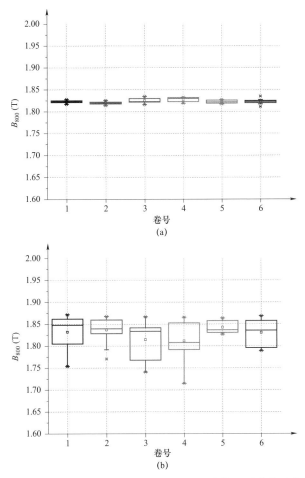

图 5-5　同一批次不同超薄取向硅钢带卷饱和磁感应强度
B_{800} 的统计分布结果

（a）进口带材；（b）国产带材

带材各卷的平均损耗均在 12W/kg 以上，离散系数为 1.00%～
3.00%。国产带材中有 3 卷平均损耗小于 12W/kg，离散系数为
3%～6%。进口带材各卷的平均饱和磁感均在 1.82T 以上，离散
系数在 0.5%以内，波动较小。国产带材各卷平均饱和磁感在
1.81T 以上，离散系数在 3.0%以内。

表 5 – 9　　同一批次不同超薄取向硅钢带卷比总损耗 $P_{1.5/400}$ 的
离散情况对比数据

生产厂家	卷号	平均值（W/kg）	标准差（W/kg）	最大值（W/kg）	最小值（W/kg）	离散系数（%）
进口	1	12.130	0.355	12.778	11.577	2.93
	2	12.084	0.146	12.265	11.834	1.21
	3	12.367	0.247	12.616	11.890	2.00
	4	12.528	0.295	12.858	12.013	2.35
	5	12.371	0.273	12.867	11.979	2.21
	6	12.165	0.246	12.575	11.883	2.02
国产	1	12.168	0.696	14.229	11.661	5.72
	2	11.858	0.546	13.024	10.866	4.60
	3	12.075	0.625	13.974	11.608	5.18
	4	12.509	0.879	14.366	11.048	7.03
	5	11.790	0.527	12.699	11.021	4.47
	6	11.842	0.413	12.781	11.248	3.49

表 5 – 10　　同一批次不同超薄取向硅钢带卷饱和
磁感应强度 B_{800} 的离散情况对比数据

生产厂家	卷号	平均值（T）	标准差（T）	最大值（T）	最小值（T）	离散系数（%）
进口	1	1.823	0.003	1.828	1.817	0.16
	2	1.820	0.004	1.826	1.814	0.22
	3	1.825	0.005	1.835	1.816	0.27
	4	1.827	0.005	1.833	1.819	0.27
	5	1.822	0.003	1.827	1.817	0.16
	6	1.823	0.005	1.835	1.811	0.27
国产	1	1.832	0.036	1.872	1.754	1.97
	2	1.838	0.028	1.868	1.771	1.52
	3	1.815	0.044	1.867	1.741	2.42
	4	1.812	0.048	1.866	1.715	2.65
	5	1.843	0.013	1.864	1.827	0.72
	6	1.829	0.029	1.869	1.789	1.59

图 5-6 为整个批次超薄取向硅钢带卷比总损耗 $P_{1.5/400}$ 的统计分布结果。大多数 0.10mm 进口超薄取向硅钢比总损耗为 12.28W/kg±0.31W/kg，最大值为 12.87W/kg，大多数 0.08mm 国产超薄取向硅钢比总损耗为 12.04W/kg±0.67W/kg，最大损耗达到了 14.37W/kg。

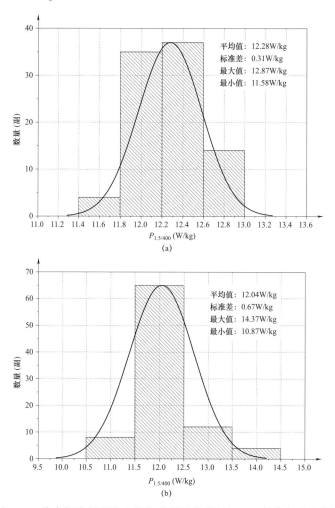

图 5-6　整个批次超薄取向硅钢带卷比总损耗 $P_{1.5/400}$ 的统计分布结果

（a）进口带材；（b）国产带材

图 5-7 为整个批次超薄取向硅钢带卷饱和磁感应强度 B_{800} 的统计分布结果。大多数 0.10mm 进口超薄取向硅钢饱和磁感应强度为 1.82T±0.005T，最小值为 1.811T，均超过了 1.80T。大多数 0.08mm 国产超薄取向硅钢饱和磁感应强度为 1.83T±0.036T，最小值为 1.71T，在抽检的样品中约 20%的样品未达到 1.80T。

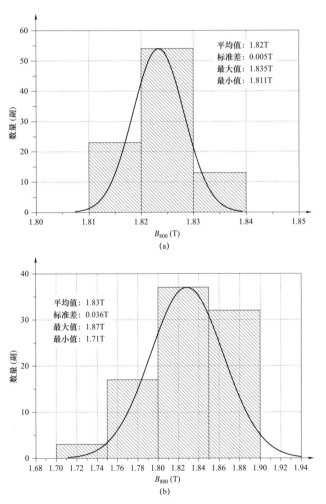

图 5-7　整个批次超薄取向硅钢带卷饱和磁感应强度 B_{800} 的统计分布结果
（a）进口带材；（b）国产带材

从整个批次超薄取向硅钢带卷的对比可以看出，进口带材的平均比总损耗比国产带材的平均比总损耗略高，但损耗的波动较小，进口带材与国产带材平均饱和磁感应强度均超过了 1.80T，但国产带材存在 20% 的磁感应强度低于 1.80T 的情况，磁感应强度波动较大。总体来看，进口带材磁性能相对稳定。

5.2.4　超薄取向硅钢磁致伸缩噪声评估结果

表 5-11 给出了频率为 400Hz，磁感应强度幅值为 1.5T 时，0.10mm 进口超薄取向硅钢与 0.08mm 国产超薄取向硅钢磁致伸缩噪声的测量结果，图 5-8 为相应的统计分布结果。进口带材与国产带材相比，二者的磁致伸缩系数及噪声性能波动情况接近，0.08mm 国产超薄取向硅钢带材的磁致伸缩系数与噪声性能要优于 0.10mm 进口超薄取向硅钢带材的性能。国产超薄取向硅钢带材比进口超薄取向硅钢带材磁致伸缩噪声约低 4dB。

表 5-11　当频率为 400Hz，磁感应强度幅值为 1.5T 时，0.10mm 进口超薄取向硅钢带材与 0.08mm 国产超薄取向硅钢带材磁致伸缩噪声测量值

0.10mm 进口带材			0.08mm 国产带材		
编号	磁致伸缩系数	磁致伸缩噪声（dB）	编号	磁致伸缩系数	磁致伸缩噪声（dB）
1	2.918×10^{-6}	99.7	1	3.014×10^{-6}	99.9
2	3.184×10^{-6}	100.4	2	2.078×10^{-6}	96.7
3	4.676×10^{-6}	103.7	3	3.264×10^{-6}	100.7
4	3.132×10^{-6}	100.2	4	2.432×10^{-6}	98.1
5	3.383×10^{-6}	100.9	5	2.38×10^{-6}	97.9
6	3.308×10^{-6}	100.7	6	2.482×10^{-6}	98.3
7	3.517×10^{-6}	101.2	7	1.723×10^{-6}	95.3
8	4.005×10^{-6}	102.5	8	2.828×10^{-6}	99.4
9	4.075×10^{-6}	102.6	9	3.188×10^{-6}	100.4
10	5.701×10^{-6}	105.5	10	1.674×10^{-6}	94.8

续表

0.10mm 进口带材			0.08mm 国产带材		
编号	磁致伸缩系数	磁致伸缩噪声（dB）	编号	磁致伸缩系数	磁致伸缩噪声（dB）
11	6.474×10^{-6}	106.5	11	2.211×10^{-6}	97.3
12	5.095×10^{-6}	104.6	12	2.293×10^{-6}	97.6
13	6.001×10^{-6}	106.0	13	5.898×10^{-6}	105.8
14	8.162×10^{-6}	108.7	14	2.24×10^{-6}	97.4
15	4.355×10^{-6}	103.2	15	4.079×10^{-6}	102.6
16	2.997×10^{-6}	99.9	16	2.999×10^{-6}	99.6
17	3.65×10^{-6}	101.6	17	2.519×10^{-6}	98.4
18	3.585×10^{-6}	101.5	18	3.48×10^{-6}	101.0
19	3.925×10^{-6}	102.3	19	3.187×10^{-6}	100.5
20	4.414×10^{-6}	103.2	20	1.977×10^{-6}	96.0
平均值	4.328×10^{-6}	102.7	平均值	2.797×10^{-6}	98.9

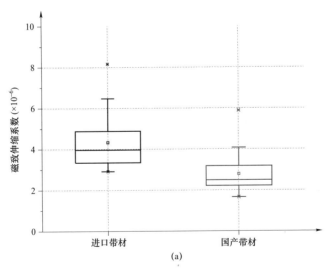

(a)

图 5-8 0.10mm 进口与 0.08mm 国产超薄取向硅钢磁致
伸缩噪声统计分布结果（一）

（a）磁致伸缩系数

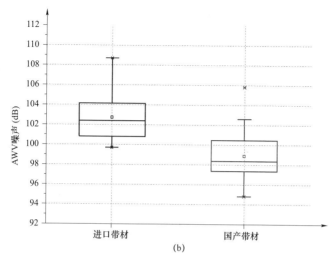

图 5 - 8　0.10mm 进口与 0.08mm 国产超薄取向硅钢磁致
伸缩噪声统计分布结果（二）

（b）磁致伸缩噪声

5.2.5　超薄取向硅钢涂层绝缘电阻评估结果

随机选取 0.10mm 进口超薄取向硅钢带材与 0.08mm 国产超薄
取向硅钢带材各 20 片，每 2 片为 1 组进行涂层绝缘电阻的测量。
每片正面测量 3 个位置，反面测量 2 个位置，每组共测量 10 个位
置。表 5-12 与表 5-13 分别为 0.10mm 进口超薄取向硅钢带材与
0.08mm 国产超薄取向硅钢带材涂层绝缘电阻的测量结果。0.10mm
进口超薄取向硅钢涂层绝缘电阻综合评价值最小值为
$14.0\Omega \cdot cm^2$，最大值为 $62.2\Omega \cdot cm^2$；0.08mm 国产超薄取向硅钢
涂层绝缘电阻综合评价值最小值为 $24.6\Omega \cdot cm^2$，最大值为
$440.4\Omega \cdot cm^2$。国产带材涂层绝缘电阻的综合评价值要高于进口带
材的综合评价值，国产带材涂层绝缘电阻的特性较优。

需要说明的是，涂层附着性也是评价涂层性能的重要指标。
由于超薄取向硅钢的涂层较薄，因此涂层附着性普遍较优，评级
普遍均为 A 级，极少出现 B 级及以下的评级。

表 5−12　　　　　0.10mm 进口超薄取向硅钢涂层
绝缘电阻的测量结果　　　　Ω · cm²

位置	1组	2组	3组	4组	5组	6组	7组	8组	9组	10组
1	6.7	51.9	27.9	25.4	39.4	64.4	24.4	32 247	16 122	73.2
2	36.5	54.7	44.2	24.7	25.1	55.2	68.0	32.9	16 122	16 122
3	14.6	27.4	89.2	14.6	81.0	76.8	16.7	16 122	53.5	16 122
4	13.1	175.0	78.0	74.1	34.5	20.8	17.6	35.9	41.0	14.9
5	9.1	74.5	122.3	415.6	104.3	30.0	26.8	29.1	25.1	39.7
6	24.9	36.8	77.4	36.7	17.7	16.4	56.3	77.4	55.1	64.7
7	1533	18.8	93.0	29.4	127.9	54.0	376.2	16 122	130.0	43.9
8	41.8	17.3	31.0	140.7	21.9	22.3	10 747	56.2	20.6	27.7
9	10.0	105.0	176.9	32 247	20.4	32.0	10.0	135.8	254.8	11.1
10	5.0	40.0	40.2	10 747	11.8	67.8	21.0	27.9	54.5	31.2
综合评价值	14.0	38.8	57.4	45.6	29.0	34.3	28.2	62.2	57.9	35.4
总结	综合评价值最小值为14.0Ω · cm²，最大值为62.2Ω · cm²									

表 5−13　　　　　0.08mm 国产超薄取向硅钢涂层
绝缘电阻的测量结果　　　　Ω · cm²

位置	1组	2组	3组	4组	5组	6组	7组	8组	9组	10组
1	41.3	29.5	14.0	54.5	394.9	35.2	143.4	126.3	16 122	97.6
2	32 247	132.9	18.1	16 122	55.1	23.4	49.7	38.7	4604	16 122
3	16 122	8.9	42.3	35.1	60.6	80.3	32.2	1463	32 247	16 122
4	83.7	32.4	32 247	45.3	457.5	49.6	65.0	16 122	78.8	95.4
5	16 122	30.2	33.9	66.9	70.2	73.4	31.4	39.3	5372	14.7
6	37.9	10.5	37.5	32 247	45.7	22.0	58.1	114.9	16 122	16 122
7	15.1	10 747	32 247	32 247	129.5	44.6	109.1	10 747	151.1	267.8
8	11.6	25.3	114.0	32.1	485.4	16.7	16 122	61.7	16 122	16 122
9	298.2	22.4	42.4	68.4	16 122	16 122	187.6	32 247	16 122	40.6
10	376.2	25.3	69.9	32 247	16 122	78.0	16 122	16 122	309.9	2013
综合评价值	50.4	24.6	41.7	79.6	119.9	40.1	74.9	122.0	440.4	93.7
总结	综合评价值最小值为24.6Ω · cm²，最大值为440.4Ω · cm²									

5.3　本章小结

（1）国产超薄取向硅钢带材厚度比进口超薄取向硅钢的厚度小，控制板材形状及涂层厚度的难度提高。无论是同一批次不同带卷间厚度的对比，还是整个批次厚度的对比，0.08mm 的国产带材厚度的均匀性均不如 0.10mm 的进口带材。

（2）厚度较小的超薄取向硅钢带材叠装系数偏低。0.10mm 进口超薄取向硅钢叠装系数平均为 0.982，最小值为 0.971，离散系数在 1%以内。0.08mm 国产取向硅钢叠装系数平均为 0.962，最小值为 0.933，离散系数在 2%以内。国产叠装系数波动较大，并且存在叠装系数偏低的情况，需要进一步控制板材形状及涂层均匀性。

（3）在典型磁性能方面，0.08mm 国产超薄取向硅钢的平均损耗与平均饱和磁感均优于 0.10mm 进口超薄取向硅钢。但在磁性能稳定性方面，0.08mm 国产超薄取向硅钢表现较差，损耗与饱和磁感应强度波动较大，容易出现损耗较大、饱和磁感应强度偏低的情况。0.10mm 进口超薄取向硅钢带材平均损耗为 12.28W/kg，波动为 2.5%；平均饱和磁感应强度为 1.82T，波动为 0.3%。0.08mm 国产超薄取向硅钢带材平均损耗为 12.04W/kg，波动为 5.5%；平均饱和磁感应强度为 1.83T，波动为 2.0%。

（4）当频率为 400Hz，磁感应强度幅值为 1.5T 时，0.08mm 国产超薄取向硅钢磁致伸缩系数较小，A 计权噪声值较低，表现出低噪声材料的特性。0.08mm 国产带材 A 计权噪声值比 0.10mm 进口带材平均低 4dB。

（5）0.08mm 国产超薄取向硅钢带材涂层绝缘电阻的综合评价值高于进口超薄取向硅钢带材的综合评价值，国产超薄取向硅钢带材涂层绝缘电阻的特性相对较优。进口超薄取向硅钢与国产超薄取向硅钢涂层附着性普遍较优，评级普遍均为 A 级，极少出现 B 级及以下的评级。

第6章

中频超薄取向硅钢的应用

超薄取向硅钢性能与普通取向硅钢性能不同，应用场合也存在区别。中频超薄取向硅钢主要应用在频率为 400~1000Hz 的高频变压器、脉冲变压器及特殊的电抗器产品中。本章将简要介绍超薄取向硅钢在脉冲变压器及阳极饱和电抗器中的应用。

6.1 中频超薄取向硅钢在脉冲变压器中的应用

脉冲变压器是脉冲功率装置中的重要部件之一。由于铁心材料的不断改进和更新，使得脉冲变压器等磁心装置的小型化成为可能，为脉冲功率技术更广泛的应用和推广开辟了新途径。铁心的结构参数直接影响脉冲变压器的整体性能，研究脉冲变压器铁心，探讨铁心的材料选择及结构参数设计方法是十分必要的。

脉冲变压器铁心的选择和确定与其结构、材料、绝缘等级及电路参数有关。它们相互间存在着内在联系：① 如要求电压传输效率高，就需要减小铁心尺寸，这样在功率一定的情况下会导致变压器温升过高，可靠性降低。② 为了得到最小体积、最轻重量，铁心的磁感应强度增量和脉冲磁导率应越大越好。然而磁感应强度增量越高，铁心的损耗越大。这些关系使铁心的设计复杂化。

6.1.1 脉冲变压器的性能与电路参数、结构参数的关系

脉冲变压器的等值电路如图 6-1 所示。

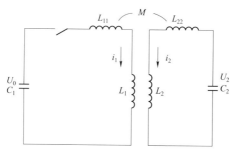

图 6-1　脉冲变压器的等值电路

C_1—中贮电容；C_2—储能电容；L_1、L_2—变压器一、二次侧电感；L_{11}、L_{22}—一、二次侧回路漏感；M—回路互感；i_1、i_2—变压器一、二次侧电流；U_0、U_2—C_1、C_2 两端的电压

根据等值电路可得回路电压方程为

$$\begin{cases} (L_1 + L_{11})\dfrac{\mathrm{d}i_1}{\mathrm{d}t} + \dfrac{1}{C_1}\displaystyle\int i_1\mathrm{d}t + M\dfrac{\mathrm{d}i_2}{\mathrm{d}t} = U_0 \\[3mm] (L_2 + L_{22})\dfrac{\mathrm{d}i_2}{\mathrm{d}t} + \dfrac{1}{C_2}\displaystyle\int i_2\mathrm{d}t + M\dfrac{\mathrm{d}i_1}{\mathrm{d}t} = 0 \end{cases} \qquad (6-1)$$

根据回路电压方程可以得出电路 U_2 达到最大值即储能电容充至电压峰值所需时间与其结构参数的关系如下

$$\tau C_2 = \pi\sqrt{\dfrac{1-K^2}{\omega_1^2 + \omega_2^2}} \qquad (6-2)$$

式中：$\tau = \omega t$，系数 K 和角频率 ω_1、ω_2 可以表示为

$$\begin{cases} K = \dfrac{M}{\sqrt{(L_1 + L_{11})(L_2 + L_{22})}} \\[4mm] \omega_1 = \dfrac{1}{\sqrt{(L_1 + L_{11})C_1}} \\[4mm] \omega_2 = \dfrac{1}{\sqrt{(L_2 + L_{22})C_2}} \end{cases} \qquad (6-3)$$

显然，K 和 ω_1、ω_2 越大，电感及漏感值越小，输出电压上升时间越快，而这些参数的确定均与变压器的结构有关。

设铁心轴长度为 l，内外半径分别为 R_1、R_2，一、二次侧绕组距铁心的绝缘距离为 δ_1、δ_2，匝数分别为 N_1、N_2，铁心的填充系

数为 K_T。可得

$$\begin{cases} L_1 = \dfrac{\mu_0 N_1^2}{2\pi}\left[I(\mu_r K_T - l)\ln\dfrac{R_2}{R_1} + 2\delta_1 \ln\dfrac{R_2 + \delta_1}{R_2 - \delta_1} \right] \\[2mm] L_2 = \dfrac{\mu_0 N_2^2}{2\pi}\left[I(\mu_r K_T - l)\ln\dfrac{R_2}{R_1} + 2\delta_2 \ln\dfrac{R_2 + \delta_1}{R_2 - \delta_1} \right] \\[2mm] M = \dfrac{\mu_0 N_1 N_2}{2\pi}\left[I(\mu_r K_T - l)\ln\dfrac{R_2}{R_1} + 2\delta_2 \ln\dfrac{R_2 + \delta_1}{R_2 - \delta_1} \right] \end{cases} \quad (6-4)$$

式中：μ_0、μ_r 分别为真空磁导率和相对导磁率。

由上可见，脉冲变压器的结构参数 R_1、R_2、δ_1、δ_2 和 I 的选择及铁心材料的确定，直接影响电磁参数的大小，决定了输出电压上升时间的快慢。设计脉冲变压器铁心时，需要选取合适的铁心材料以及合理的结构，提高耦合系数，使输出电压的上升沿较陡。

6.1.2 脉冲变压器铁心材料选择

为了减小铁心体积，通常需要选择饱和磁感应强度较高的材料。在脉冲变压器中磁感应强度增量 ΔB 越大，磁性材料利用越充分。磁感应强度的增量 ΔB 可以表示为

$$\Delta B = 2B_s \quad (6-5)$$

铁心损耗包括磁滞损耗和涡流损耗。涡流损耗与电阻率成反比，磁滞损耗取决于铁心材料的磁滞回线、矫顽力及剩磁等。为了使脉冲变压器的结构紧凑、损耗小，提高输出脉冲上升速率，应选择饱和磁感应强度 B_s 和电阻率较高的材料作为脉冲变压器的铁心材料。超薄取向硅钢与其他磁性材料相比，饱和磁感应强度 B_s 最高，达到 1.80T 以上，具有性能稳定、抗冲击能力强等优点，可广泛应用于脉冲变压器的铁心设计中。

6.1.3 超薄取向硅钢铁心结构

超薄取向硅钢的厚度较小，在制作脉冲变压器等装置时，铁

心通常采用卷绕式铁心。图 6-2 为卷绕式铁心的结构示意图。

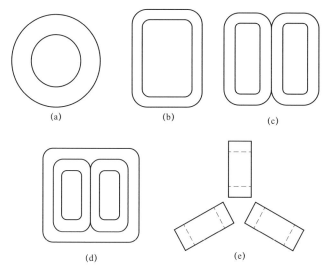

图 6-2　卷绕式铁心的结构示意图
（a）环形；（b）单框；（c）双框；（d）合成三框；（e）立体三框

单相脉冲变压器通常采用单框式和双框式结构，三相脉冲变压器通常采用三框式和四框式。三框式又分为两种：合成式，由两个小框外套一个大框组成；立体式，由互相成 120° 角布置的三个方框组成。

在选取铁心结构时首先要注意能充分发挥软磁材料的优点，其次要注意工艺加工的复杂程度和材料的利用率，也就是成本根据市场和用户的要求综合考虑，不能只注意性能而忽略成本和价格。任何铁心结构都各有其优缺点，不能因为偏爱等主观因素而抬高一种否定其他，或由于大多数人反对，而对一种铁心结构采取绝对否定的态度。例如：有的人比较认可 R 形卷绕式铁心结构，没有注意到这种铁心结构本身存在的一些问题。又例如：大多数人认为 120° 布置的三框式铁心结构不可能用在脉冲变压器中，但是已有人把它用于追求体积小的电源变压器中，取得了良好效果。

6.2 中频超薄取向硅钢在直流换流阀用饱和电抗器中的应用

特高压直流输电技术是实现大规模电力输送的最主要技术手段。特高压直流输电是将送端交流电通过换流阀变换成直流电，经输电线路送到受端，再由受端的换流阀变换成交流电，供给电力负荷使用的输电技术。换流阀是特高压直流输电工程的核心设备，饱和电抗器是特高压直流换流阀中重要的保护元件，其主要作用是在晶闸管开通瞬间抑制电流的过快增长。随着直流输电工程的输送容量越来越大，直流换流阀的额定电压和容量不断增大，损耗也越来越大，最直接的影响是饱和电抗器的铁心损耗变大，运行时产生的热量和温升随之增加，发热严重。铁心性能的优劣决定了饱和电抗器电气性能的优劣。

6.2.1 阳极饱和电抗器的原理与等值电路

图 6-3 所示为阳极饱和电抗器非线性饱和特性曲线。在晶闸管开通瞬间，电流处于上升初始阶段，为了限制晶闸管电流的上升，在 $0 \sim t$ 的时间范围内，阳极饱和电抗器工作在高阻抗状态，而当时间达到饱和时间 t 后，晶闸管内已建立起足够的载流子，电抗器铁心工作在饱和状态，为了降低换流阀的电抗值，提高换流阀的效率，阳极饱和电抗器工作在低阻抗状态。

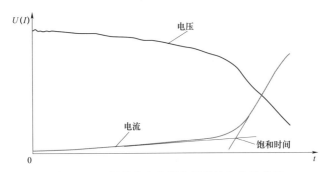

图 6-3　阳极饱和电抗器非线性饱和特性曲线

图 6-4 所示是阳极饱和电抗器的等效电路模型，其中 L_{air} 和 R_{cu} 是线圈的空气电感和线圈的直流电阻，这两个参数是固定值，可以利用试验数据方便地获取。非线性电感 L_{core} 与铁心的饱和程度有关。其中阳极饱和电抗器铁心电阻并非实体电阻，而是寄生于铁心之中，由暂态电磁过程的涡流损耗、磁滞损耗等效而来。

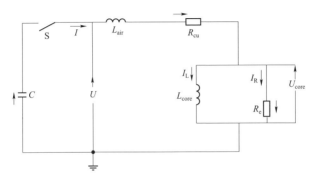

图 6-4　阳极饱和电抗器的等效电路模型

6.2.2　阳极饱和电抗器铁心材料选择

铁心是阳极饱和电抗器的最重要元件之一。铁心材料的选取直接影响电抗器的电气性能。伏秒数是阳极饱和电抗器的关键电气参数，伏秒数过低将无法对晶闸管起到保护作用。铁心材料的最大磁感应强度决定了饱和电抗器的伏秒数。对于同样伏秒数的饱和电抗器，铁心的最大磁感应强度越大，铁心的截面积越小，电抗器体积越小。目前直流输电换流阀均使用的是悬吊结构，因此对饱和电抗器的体积和重量提出了更严格的要求。

电抗器中常用的材料包括铁氧体、非晶纳米晶及硅钢等。非晶纳米晶及铁氧体的最大磁感应强度不如取向硅钢高，因此阳极饱和电抗器优先选择取向硅钢材料。由前所述，取向硅钢材料可分为超薄取向硅钢及 0.23mm 以上普通厚度取向硅钢。而在饱和电抗器承受冲击电压的工作状态下，普通的 0.23mm（或 0.35mm）

硅钢片铁心不能有效抑制电流上升率,因此必须使用超薄取向硅钢材料制作铁心。国外 ABB 公司生产的饱和电抗器使用的是 0.10mm 厚度的硅钢铁心,西门子公司生产的饱和电抗器则使用的是 0.05mm 厚度的硅钢铁心。0.05mm 厚度的硅钢铁心的损耗更低,但 0.05mm 厚度的硅钢片的饱和磁感应强度却有所降低,西门子公司生产的饱和电抗器的设计磁感应强度仅有 1.50T,远小于 0.10mm 厚度的取向硅钢铁心的 2.0T。为减小阳极饱和电抗器的体积和重量,多采用磁感应强度较高的 0.10mm 厚度的超薄取向硅钢材料。目前我国阳极饱和电抗器用超薄取向硅钢材料均来自日本金属公司,国内能够生产满足阳极饱和电抗器要求的超薄取向硅钢材料的厂家较少。

6.2.3 阳极饱和电抗器铁心结构及间隙选择

为了使阳极饱和电抗器能够正常工作,铁心中需要设置气息。气息的作用一方面是调节阳极饱和电抗器的电感,另一方面是为了降低铁心中剩磁的影响。铁心中剩磁过大会降低饱和电抗器的伏秒数。为了保证阳极饱和电抗器的有效伏秒数,阳极饱和电抗器的铁心采用中间切口的 U 形铁心结构,气息位置处设置有零点几毫米的气息垫片,阳极饱和电抗器铁心结构图如图 6-5 所示。通过调整气息垫片厚度控制铁心中的气息长度。

阳极饱和电抗器的绕组结构如图 6-6 所示。阳极饱和电抗器装配时,U 形铁心成对扣接在绕组的直线段,并通过金属拉带拉紧。图 6-7 为装配有铁心的阳极饱和电抗器内部结构图。

图 6-8 为阳极饱和电抗器冲击放电试验电压、电流波形。在起始阶段电流增长缓慢,电抗器工作在高阻抗状态,5μs 后电流快速增加,电抗器工作在饱和状态。

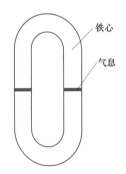 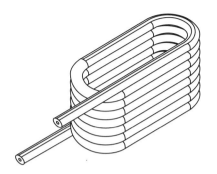

图6-5 阳极饱和电抗器
铁心结构图

图6-6 阳极饱和电抗器的
绕组结构图

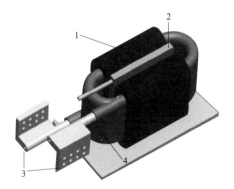

图6-7 装配有铁心的阳极饱和电抗器内部结构图
1—铁心；2—散热器；3—端子；4—绕组

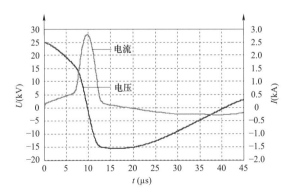

图6-8 阳极饱和电抗器冲击放电试验电压、电流波形

6.3　本章小结

　　脉冲变压器与阳极饱和电抗器的运行工况特殊，均工作在高频脉冲工况下。特殊运行工况对铁心材料及铁心结构提出了更加严格的要求。超薄取向硅钢材料与其他软磁材料相比，具有饱和磁感应强度高、高频损耗低的特点，在脉冲变压器及阳极饱和电抗器中应用广泛。超薄取向硅钢的高饱和磁感应强度不但使脉冲变压器的感应强度增量较大，提高了磁性材料的利用效率，而且还使阳极饱和电抗器能够在相同的伏秒数下减小体积和重量，同时又不会使铁心由于高频损耗增加过多而导致阳极饱和电抗器发热损坏。

附录 A　23QG100 与 GT100 超薄取向
硅钢退磁前后的磁性能测量数据

附表 A-1～附表 A-4 分别给出了频率为 400Hz 时，23QG100 普通取向硅钢退磁前后磁化曲线与损耗曲线的测量数据。附表 A-5～附表 A-8 分别给出了 GT100 超薄取向硅钢退磁前后磁化曲线与损耗曲线的测量数据。

附表 A-1　23QG100 普通取向硅钢退磁前磁化曲线的测量数据（400Hz）

B_m（T）	第 1 次	第 2 次	第 3 次	第 4 次	第 5 次
	H_m（A/m）	H_m（A/m）	H_m（A/m）	H_m（A/m）	H_m（A/m）
0.100	16.686	18.718	18.641	16.764	12.563
0.200	21.848	22.965	22.841	21.835	18.147
0.300	25.315	26.445	26.295	25.373	22.673
0.400	28.711	29.172	29.483	28.652	26.672
0.500	31.814	32.126	32.139	31.873	30.321
0.600	34.983	35.139	35.314	34.950	33.769
0.700	38.015	38.054	38.262	37.989	37.054
0.800	41.040	41.047	41.216	41.079	40.352
0.900	44.170	44.163	44.202	44.111	43.612
1.000	47.260	47.221	47.247	47.182	46.825
1.100	50.461	50.435	50.429	50.383	50.085
1.200	53.695	53.734	53.805	53.708	53.448
1.300	57.240	57.227	56.993	57.103	56.831
1.400	60.811	60.642	60.642	60.856	60.642
1.500	64.908	64.843	64.745	64.882	64.758
1.600	69.407	69.401	69.426	69.342	69.323
1.700	82.711	82.860	82.899	82.594	82.379
1.800	194.067	193.807	194.392	194.132	193.807
1.901	933.976	941.248	935.729	939.430	940.728

附表 A－2　　　　23QG100 普通取向硅钢退磁后
磁化曲线的测量数据（400Hz）

| B_m(T) | 第1次 | 第2次 | 第3次 | 第4次 | 第5次 |
	H_m（A/m）	H_m（A/m）	H_m（A/m）	H_m（A/m）	H_m（A/m）
0.100	8.442	8.292	8.265	8.395	8.244
0.200	15.037	14.771	14.732	14.946	14.693
0.300	20.679	20.322	20.270	20.569	20.244
0.400	25.666	25.283	25.185	25.529	25.166
0.500	30.061	29.665	29.568	29.938	29.581
0.600	33.924	33.606	33.489	33.808	33.522
0.700	37.385	37.138	37.034	37.288	37.060
0.800	40.657	40.527	40.391	40.540	40.326
0.900	43.852	43.650	43.612	43.774	43.624
1.000	47.007	46.890	46.845	46.916	46.819
1.100	50.182	50.163	50.072	50.150	50.124
1.200	53.578	53.493	53.480	53.435	53.357
1.300	56.896	56.889	56.870	56.837	56.798
1.400	60.687	60.512	60.421	60.596	60.506
1.500	64.810	64.505	64.609	64.570	64.466
1.600	69.232	69.219	69.186	69.206	69.147
1.700	82.925	82.983	82.776	82.905	82.970
1.800	194.651	195.236	195.236	195.106	195.495
1.901	942.351	943.974	948.260	946.766	944.169

附表 A－3　　　23QG100 普通取向硅钢退磁前
损耗曲线的测量数据（400Hz）

B_m（T）	第 1 次	第 2 次	第 3 次	第 4 次	第 5 次
	P（W/kg）	P（W/kg）	P（W/kg）	P（W/kg）	P（W/kg）
0.100	0.232	0.261	0.261	0.232	0.169
0.200	0.648	0.682	0.677	0.647	0.529
0.300	1.157	1.209	1.202	1.160	1.024
0.400	1.779	1.808	1.828	1.775	1.637
0.500	2.496	2.521	2.521	2.501	2.358
0.600	3.333	3.350	3.366	3.329	3.193
0.700	4.281	4.285	4.309	4.278	4.142
0.800	5.357	5.360	5.382	5.363	5.235
0.900	6.591	6.592	6.600	6.582	6.475
1.000	7.975	7.966	7.973	7.966	7.870
1.100	9.527	9.519	9.519	9.514	9.431
1.200	11.225	11.224	11.234	11.221	11.154
1.300	13.095	13.091	12.996	13.073	13.003
1.400	15.014	14.983	14.983	15.026	14.980
1.500	17.202	17.185	17.162	17.189	17.176
1.600	19.590	19.593	19.575	19.573	19.564
1.700	22.452	22.445	22.431	22.431	22.427
1.800	26.860	26.864	26.873	26.872	26.870
1.901	34.270	34.293	34.238	34.291	34.307

附表 A - 4　　　　23QG100 普通取向硅钢退磁后
损耗曲线的测量数据（400Hz）

B_m（T）	第1次	第2次	第3次	第4次	第5次
	P（W/kg）	P（W/kg）	P（W/kg）	P（W/kg）	P（W/kg）
0.100	0.120	0.118	0.117	0.119	0.117
0.200	0.446	0.437	0.436	0.443	0.435
0.300	0.941	0.924	0.920	0.935	0.919
0.400	1.579	1.554	1.546	1.570	1.546
0.500	2.340	2.307	2.296	2.329	2.299
0.600	3.207	3.175	3.161	3.196	3.166
0.700	4.179	4.149	4.134	4.168	4.138
0.800	5.275	5.253	5.230	5.260	5.228
0.900	6.509	6.478	6.466	6.497	6.467
1.000	7.901	7.872	7.864	7.884	7.857
1.100	9.451	9.435	9.424	9.438	9.421
1.200	11.164	11.149	11.143	11.149	11.131
1.300	13.014	13.001	13.001	13.000	12.987
1.400	14.974	14.945	14.926	14.961	14.942
1.500	17.163	17.108	17.133	17.126	17.109
1.600	19.532	19.528	19.524	19.524	19.514
1.700	22.388	22.386	22.372	22.385	22.372
1.800	26.817	26.813	26.807	26.813	26.809
1.901	34.251	34.220	34.256	34.225	34.215

附表 A – 5　　　　GT100 超薄取向硅钢退磁前
磁化曲线的测量数据（400Hz）

B_m（T）	第 1 次 H_m（A/m）	第 2 次 H_m（A/m）	第 3 次 H_m（A/m）	第 4 次 H_m（A/m）	第 5 次 H_m（A/m）
0.200	17.108	25.386	26.373	22.186	26.334
0.300	19.985	26.958	28.185	24.036	27.588
0.400	22.426	27.367	28.308	25.666	28.237
0.500	24.672	29.263	30.431	27.023	30.029
0.600	26.789	30.457	31.366	28.756	31.217
0.700	28.750	31.730	31.490	30.074	31.438
0.800	30.723	32.477	33.262	31.691	33.256
0.900	32.567	34.210	34.632	33.256	34.658
1.000	34.424	35.411	35.444	34.944	35.346
1.100	36.190	36.801	36.859	36.359	37.073
1.200	37.937	38.307	38.073	37.904	38.463
1.300	39.833	39.852	39.774	39.748	39.904
1.400	42.190	42.170	42.196	42.118	42.209
1.500	47.553	47.650	47.630	47.520	47.572
1.600	64.719	64.843	64.914	64.992	64.927
1.700	140.307	140.178	140.307	140.242	140.372
1.801	571.488	570.579	570.384	570.579	570.449
1.825	799.966	798.992	798.668	799.771	801.135

附表 A-6　　　　GT100 超薄取向硅钢退磁后
磁化曲线的测量数据（400Hz）

| B_m（T） | 第 1 次 | 第 2 次 | 第 3 次 | 第 4 次 | 第 5 次 |
	H_m（A/m）	H_m（A/m）	H_m（A/m）	H_m（A/m）	H_m（A/m）
0.200	20.166	19.446	19.504	20.147	19.322
0.300	24.322	23.627	23.698	24.439	23.848
0.400	26.821	26.211	26.386	27.081	26.568
0.500	28.672	28.016	28.152	28.756	28.477
0.600	29.847	29.743	29.853	30.211	30.016
0.700	31.542	31.081	31.405	31.730	31.353
0.800	33.035	32.502	32.665	32.892	32.710
0.900	33.950	33.963	33.976	34.379	34.230
1.000	35.463	35.385	35.444	35.437	35.444
1.100	36.742	36.924	36.775	36.742	36.853
1.200	38.300	38.041	38.287	38.197	38.210
1.300	39.755	39.709	39.690	39.677	39.813
1.400	42.183	42.092	42.138	42.170	42.203
1.500	47.605	47.676	47.650	47.663	47.708
1.600	64.921	64.947	64.966	65.037	65.089
1.700	140.113	140.242	140.372	140.567	140.567
1.801	569.995	570.384	570.839	570.189	569.540
1.825	801.654	800.616	798.862	804.122	800.551

附表 A – 7　　　　　　GT100 超薄取向硅钢退磁前
损耗曲线的测量数据（400Hz）

B_m (T)	第 1 次	第 2 次	第 3 次	第 4 次	第 5 次
	P (W/kg)	P (W/kg)	P (W/kg)	P (W/kg)	P (W/kg)
0.200	0.335	0.608	0.656	0.494	0.651
0.300	0.675	1.047	1.130	0.880	1.094
0.400	1.106	1.471	1.553	1.337	1.549
0.500	1.622	2.053	2.177	1.834	2.141
0.600	2.217	2.640	2.762	2.432	2.747
0.700	2.878	3.292	3.272	3.051	3.264
0.800	3.628	3.924	4.061	3.774	4.058
0.900	4.457	4.771	4.872	4.574	4.875
1.000	5.395	5.628	5.648	5.496	5.628
1.100	6.455	6.612	6.652	6.483	6.681
1.200	7.651	7.749	7.711	7.641	7.804
1.300	9.016	9.036	9.016	8.989	9.054
1.400	10.544	10.523	10.541	10.519	10.546
1.500	12.286	12.282	12.271	12.266	12.265
1.600	14.485	14.474	14.468	14.469	14.457
1.700	18.561	18.558	18.557	18.541	18.546
1.801	22.471	22.476	22.498	22.464	22.459
1.825	23.180	23.193	23.177	23.166	23.179

附表 A–8　　　　GT100 超薄取向硅钢退磁后
损耗曲线的测量数据（400Hz）

B_m（T）	第 1 次 P（W/kg）	第 2 次 P（W/kg）	第 3 次 P（W/kg）	第 4 次 P（W/kg）	第 5 次 P（W/kg）
0.200	0.467	0.442	0.443	0.467	0.441
0.300	0.934	0.895	0.898	0.941	0.912
0.400	1.450	1.403	1.415	1.468	1.429
0.500	2.014	1.944	1.959	2.018	1.991
0.600	2.576	2.562	2.573	2.620	2.592
0.700	3.268	3.199	3.249	3.297	3.242
0.800	4.018	3.922	3.955	3.997	3.961
0.900	4.731	4.727	4.733	4.815	4.775
1.000	5.645	5.621	5.630	5.654	5.636
1.100	6.602	6.637	6.613	6.605	6.631
1.200	7.752	7.688	7.753	7.741	7.727
1.300	9.005	8.989	8.987	8.978	9.019
1.400	10.530	10.504	10.517	10.517	10.530
1.500	12.268	12.278	12.264	12.279	12.277
1.600	14.455	14.464	14.463	14.467	14.468
1.700	18.535	18.536	18.535	18.548	18.548
1.801	22.457	22.459	22.442	22.475	22.457
1.825	23.170	23.172	23.150	23.177	23.165

附录 B　使用不同匝数爱泼斯坦方圈 测得的 23QG100 普通取向硅钢与 GT100 超薄取向硅钢磁性能测量数据

附表 B-1 与附表 B-2 分别给出了频率为 400Hz 时，使用不同匝数爱泼斯坦方圈测得的 23QG100 普通取向硅钢与 GT100 超薄取向硅钢磁性能测量数据。

附表 B-1　使用不同匝数爱泼斯坦方圈测得的
23QG100 普通取向硅钢磁性能测量数据（400Hz）

700 匝				100 匝			
H_{max} （A/m）	B_{max} （T）	B_{max} （T）	P_s （W/kg）	H_{max} （A/m）	B_{max} （T）	B_{max} （T）	P_s （W/kg）
17.461	0.100	0.100	0.245	9.392	0.100	0.100	0.134
22.743	0.200	0.200	0.671	16.576	0.200	0.200	0.495
26.329	0.300	0.300	1.193	22.666	0.300	0.300	1.038
29.742	0.400	0.400	1.825	27.776	0.400	0.400	1.717
33.282	0.500	0.500	2.584	32.029	0.500	0.500	2.505
36.705	0.600	0.600	3.461	35.645	0.600	0.600	3.388
39.663	0.700	0.700	4.428	38.898	0.700	0.700	4.371
42.767	0.800	0.800	5.534	42.151	0.800	0.800	5.499
46.008	0.900	0.900	6.797	45.293	0.900	0.900	6.763
49.121	1.000	1.000	8.203	48.449	1.000	1.000	8.192
52.425	1.100	1.100	9.774	51.552	1.100	1.100	9.765
55.943	1.200	1.200	11.521	55.032	1.200	1.200	11.537
59.538	1.300	1.300	13.407	58.590	1.300	1.300	13.465
63.438	1.400	1.400	15.471	62.603	1.400	1.400	15.403
67.992	1.500	1.500	17.726	67.245	1.500	1.500	17.666
73.400	1.600	1.600	20.254	72.939	1.600	1.600	20.238
104.714	1.700	1.700	23.441	106.091	1.700	1.700	23.476
285.056	1.800	1.800	28.697	309.442	1.800	1.800	28.902
1367.104	1.902	1.902	36.373	1501.763	1.902	1.902	37.043

附表 B - 2　　　使用不同匝数爱泼斯坦方圈测得的
GT100 超薄取向硅钢磁性能测量数据（400Hz）

700 匝				100 匝			
H_{max}（A/m）	B_{max}（T）	B_{max}（T）	P_s（W/kg）	H_{max}（A/m）	B_{max}（T）	B_{max}（T）	P_s（W/kg）
15.625	0.200	27.555	0.200	0.200	0.325	0.200	0.700
19.552	0.300	28.607	0.300	0.300	0.691	0.300	1.150
22.888	0.400	29.315	0.400	0.400	1.163	0.400	1.624
25.706	0.500	30.892	0.500	0.500	1.729	0.500	2.219
28.165	0.600	31.139	0.600	0.600	2.369	0.600	2.726
30.383	0.700	32.093	0.700	0.700	3.084	0.700	3.348
31.642	0.800	33.626	0.800	0.800	3.729	0.800	4.111
33.600	0.900	34.931	0.900	0.900	4.586	0.900	4.925
35.350	1.000	35.814	1.000	1.000	5.518	1.000	5.724
37.045	1.100	37.119	1.100	1.100	6.555	1.100	6.706
38.141	1.200	38.489	1.200	1.200	7.592	1.200	7.813
40.041	1.300	40.164	1.300	1.300	8.954	1.300	9.130
42.399	1.400	42.352	1.400	1.400	10.509	1.400	10.604
48.012	1.500	47.864	1.500	1.500	12.258	1.500	12.356
64.833	1.600	65.940	1.600	1.600	14.448	1.600	14.506
139.528	1.700	142.450	1.700	1.700	18.539	1.700	18.514
574.838	1.801	574.475	1.801	1.801	22.419	1.801	22.348
798.992	1.825	795.811	1.825	1.825	23.114	1.825	23.036

附录 C　不同重量 GT100 超薄取向硅钢磁性能测量数据

附表 C–1 与附表 C–2 分别给出了频率为 400Hz 时，不同重量 GT100 超薄取向硅钢损耗曲线与磁化曲线测量数据。

附表 C–1　　不同重量 GT100 超薄取向硅钢损耗曲线测量数据（400Hz）

12 片		32 片		52 片	
B_{max}（T）	P_s（W/kg）	B_{max}（T）	P_s（W/kg）	B_{max}（T）	P_s（W/kg）
26.373	0.200	27.555	0.200	20.166	20.166
27.334	0.300	28.607	0.300	24.322	24.322
28.672	0.400	29.315	0.400	26.821	26.821
29.892	0.500	30.892	0.500	28.672	28.672
30.944	0.600	31.139	0.600	29.847	29.847
32.230	0.700	32.093	0.700	31.542	31.542
33.398	0.800	33.626	0.800	33.035	33.035
34.704	0.900	34.931	0.900	33.950	33.950
35.879	1.000	35.814	1.000	35.463	35.463
37.028	1.100	37.119	1.100	36.742	36.742
38.469	1.200	38.489	1.200	38.300	38.300
40.099	1.300	40.164	1.300	39.755	39.755
42.216	1.400	42.352	1.400	42.183	42.183
47.624	1.500	47.864	1.500	47.605	47.605
67.602	1.600	65.940	1.600	64.921	64.921
146.995	1.700	142.450	1.700	140.113	140.113
603.757	1.801	574.475	1.801	569.995	569.995
799.901	1.821	795.811	1.825	801.654	801.654

附表 C-2　　　　不同重量 GT100 超薄取向
硅钢磁化曲线测量数据（400Hz）

12 片		32 片		52 片	
H_{max}（A/m）	B_{max}（T）	H_{max}（A/m）	B_{max}（T）	H_{max}（A/m）	B_{max}（T）
26.373	0.200	27.555	0.200	20.166	20.166
27.334	0.300	28.607	0.300	24.322	24.322
28.672	0.400	29.315	0.400	26.821	26.821
29.892	0.500	30.892	0.500	28.672	28.672
30.944	0.600	31.139	0.600	29.847	29.847
32.230	0.700	32.093	0.700	31.542	31.542
33.398	0.800	33.626	0.800	33.035	33.035
34.704	0.900	34.931	0.900	33.950	33.950
35.879	1.000	35.814	1.000	35.463	35.463
37.028	1.100	37.119	1.100	36.742	36.742
38.469	1.200	38.489	1.200	38.300	38.300
40.099	1.300	40.164	1.300	39.755	39.755
42.216	1.400	42.352	1.400	42.183	42.183
47.624	1.500	47.864	1.500	47.605	47.605
67.602	1.600	65.940	1.600	64.921	64.921
146.995	1.700	142.450	1.700	140.113	140.113
603.757	1.801	574.475	1.801	569.995	569.995
799.901	1.821	795.811	1.825	801.654	801.654

参 考 文 献

［1］ 程守洙，江之水. 普通物理学（第二册）［M］. 北京：高等教育出版社，1998.

［2］ 田莳. 材料物理性能［M］. 北京：北京航空航天大学出版社，2001.

［3］ 赵新兵，凌国平，钱国栋. 材料的性能［M］. 北京：高等教育出版社，2006.

［4］ 马如璋，蒋民化，徐祖雄. 功能材料学概论［M］. 北京：冶金工业出版社，1999.

［5］ 王润. 金属材料物理性能［M］. 北京：冶金工业出版社，1985.

［6］ 欧阳页先，张新仁，谢晓心. 磷对 $w(Si)0.4\%$ 无取向电工钢磁性能的影响［J］. 钢铁研究，2009，37（4）：52-55.

［7］ 毛卫民. 工程材料学原理［M］. 北京：高等教育工业出版社，2008.

［8］ 毛卫民，杨平. 电工钢的材料学原理［M］. 北京：高等教育出版社，2013.

［9］ 何忠治，赵宇. 电工［M］. 北京：冶金工业出版社，2012.

［10］ 秦曾煌. 电工学［M］. 北京：高等教育出版社，2003.

［11］ 毛卫民. 金属材料的晶体学织构与各向异性［M］. 北京：科学出版社，2002.

［12］ 宛德福，马兴隆. 磁性物理学［M］. 成都：电子科技大学出版社，1994.

［13］ 毛卫民，杨平，陈冷. 材料织构分析原理与检测技术［M］. 北京：冶金工业出版社，2008.

［14］ 余永宁. 材料科学基础［M］. 北京：高等教育出版社，2006.

［15］ 毛卫民，杨平. 经济型取向电工钢的定位与发展［J］. 世界科技研究与发展，2006，28（6）：23-26.

［16］ 梁瑞洋，杨平，毛卫民. 冷轧压下率及初始高斯晶粒取向度对超薄取向硅钢织构演变与磁性能的影响［J］. 材料工程，2017，45（6）：87-96.

［17］ 全国电工合金标准化技术委员会. 电工钢片（带）中频磁性能测量方

法：GB/T 10129—1988［S］. 北京：中国标准出版社，1988.

［18］ 全国电工合金标准化技术委员会. 电工钢片（带）的密度、电阻率和叠装系数的测量方法：GB/T 19289—2003［S］. 北京：中国标准出版社，2003.

［19］ 中华人民共和国工业和信息化部. 中频用电工钢薄带：YB/T 5224—2014［S］. 北京：冶金工业出版社，2014.

［20］ 全国钢标准化技术委员会. 电工钢带（片）涂层绝缘电阻和附着性测试方法：GB/T 2522—2017［S］. 北京：中国标准出版社，2017.

［21］ 全国钢标准化技术委员会. 用单片测试仪测量电工钢片（带）磁性能的方法：GB/T 13789—2008［S］. 北京：中国标准出版社，2008.

［22］ 赵志刚，赵新丽，程志光，等. 基于爱泼斯坦方圈组合和损耗加权处理技术的取向电工钢磁性能扩展模拟［J］. 电工技术学报，2014，29（9）：204－210.

［23］ 王晓燕，程志光，李琳，等. PWM 电源激励下取向硅钢片磁特性测量与动态磁滞模拟方法［J］. 中国电机工程学报，2013，33（30）：145－152.

［24］ 黄平林，胡虔生，崔杨，等. PWM 逆变器供电下电机铁心损耗的解析计算［J］. 中国电机工程学报，2007，27（12）：19－23.

［25］ 杜永，程志光，谢德馨，等. 各向异性取向硅钢片的多方向磁性能模拟［J］. 高电压技术，2009，35（12）：3022－3026.

［26］ 谢德馨，杨仕友. 工程电磁场数值分析与综合［M］. 北京：机械工业出版社，2009.

［27］ 程志光，高桥则雄，博札德·弗甘尼. 电气工程电磁热场模拟与应用［M］. 北京：科学出版社，2009.

［28］ 孔庆奕，程志光，李悦宁，等. 取向硅钢片在不同环境温度下的磁特性［J］. 高电压技术，2014，40（9）：2743－2749.

［29］ 张书琦，李鹏，徐征宇，等. 特高压变压器用硅钢片应用磁性能的评估［J］. 中国电机工程学报，2017，37（18）：5511－5518.

［30］ 刘洋，景崇友，李琳，等. 基于平波电抗器模型的交直流混合激励条件下硅钢叠片磁性能的模拟与验证［J］. 电工电能新技术，2016，35（1）：48－52.

［31］ 刘洋，杨富尧，范亚娜，等. 畸变磁通作用下变压器铁心模型损耗的
实验研究与模拟分析［J］. 电工电能新技术，2017，36（3）：65－69.

［32］ 张艳丽，李强，王洋洋，等. 谐波磁场下硅钢片磁致伸缩特性分析［J］.电
工技术学报，2015，30（14）：544－549.

［33］ 刘刚，张瀚方，李琳，等. ±800kV 换流变压器不同工况下绕组电流及
其谐波分量仿真分析［J］. 华北电力大学学报（自然科学版），2015，
42（5）：8－12.

［34］ 贲彤，杨庆新，闫荣格，等. 谐波激励下变压器振动特性分析［J］. 河
北工业大学学报，2017，46（3）：1－7.

［35］ 王瑞华. 脉冲变压器设计［M］. 北京：科学出版社，1987.

［36］ 孙力，聂剑红，杨贵杰，等. SPWM 中频电源输出变压器偏磁分析与控
制［J］. 电机与控制学报，2001，5（3）：166－170.

［37］ 陈天腾，李海涛，董亮，等. 超导储能功率脉冲电源中脉冲变压器的
研制［J］. 高压电器，2011，47（2）：84－87.

［38］ 徐泽玮. 电源中电磁元件的铁心结构［J］. 电源技术应用，2001，7（7）：
322－329.

［39］ 徐泽玮. 电源中电子变压器的一些新进展［J］. 电源技术应用，2007，
10（1）：44－54.

［40］ 习贺勋，汤广福，刘杰，等. ±800kV/4750A 特高压直流输电换流阀研
制［J］. 中国电机工程学报，2012，32（24）：15－20.

［41］ 米彦，邓胜初，桂路，等. ±1100kV 特高压直流换流阀用饱和电抗器
的铁损及温度分布仿真［J］. 高电压技术，2018，44（10）：3359－3367.

［42］ 纪锋，陈鹏，魏晓光，等. HVDC 换流阀用饱和电抗器的建模及仿真
［J］. 智能电网，2013，1（2）：65－69.

［43］ 豆孝华，任孟干，汤广福，等. 饱和电抗器设计与运行特性仿真［J］. 变
压器，2014，51（11）：38－41.

［44］ 张建国，付兴珍. 高压直流输电晶闸管阀用饱和电抗器的设计［J］. 西
安航空技术高等专科学校学报，2010，28（3）：30－33.

电力电子装备超薄取向硅钢检测评估技术

索　引

A 计权磁致伸缩速度
　水平 ……………………18
H 线圈法 ……………41
$P_{1.0/1000}$ ……………12
$P_{1.5/400}$ ……………12
$P_{1.5/50}$ ……………12
SPWM 脉宽调制工况 …… 115
爱泼斯坦方圈法 …………20
饱和磁感应强度 …………14
饱和电抗器 ………………170
比总损耗 …………………22
波形系数 …………………17
超薄取向硅钢 ……………10
超薄取向硅钢磁致伸缩
　噪声评估结果 …………161
超薄取向硅钢带材典型
　磁性能评估结果 ………149
超薄取向硅钢带材叠装
　系数评估结果 …………146
超薄取向硅钢带材厚度
　评估结果 ………………139
超薄取向硅钢的主要磁性
　参数 ……………………10
超薄取向硅钢涂层绝缘
　电阻评估结果 …………163
畴壁 ………………………6

畴壁不可逆移动 …………7
畴壁可逆移动 ……………7
畴壁移动 …………………7
初始取向 …………………13
磁场力 ……………………1
磁场强度 …………………2
磁场强度幅值 ……………9
磁畴 ………………………6
磁畴结构 …………………6
磁畴转动 …………………7
磁导率 ……………………2
磁轭 ………………………42
磁感应强度 ………………1
磁感应强度幅值 …………9
磁感应强度增量 …………168
磁化率 ……………………2
磁化强度 …………………2
磁化曲线 …………………50
磁矩数 ……………………14
磁通量 ……………………1
磁致伸缩 …………………17
磁致伸缩噪声评估方法 …138
磁滞回线 …………………24
磁滞损耗 …………………16
磁滞现象 …………………3
带材厚度评估方法 ………138

单极性脉宽调制工况……120
单片测量法………… 41
典型磁性能评估方法……138
叠装系数评估方法………138
反常损耗………… 16
伏秒数…………171
硅钢的铁损………… 16
国内超薄取向硅钢带材
　性能（表）………… 12
换流阀…………170
基本磁学参数及其单位
　（表）…………… 3
基波叠加………… 63
矫顽力…………… 4
卷绕式铁心…………169
脉冲变压器…………166
脉冲变压器的等值电路……166
脉冲变压器铁心…………166
普通取向硅钢…………… 24
气隙…………172
取向…………… 12
软磁材料…………… 1
剩磁…………… 3
双轭双片硅钢材料磁性能
　测量装置 ………… 42

双极性脉宽调制工况……115
特高压直流输电…………170
调制比…………115
铁磁性物质的特点…………1
铁磁性原子的自发磁化……4
涂层绝缘电阻评估方法……138
退磁…………… 3
涡流损耗………… 16
阳极饱和电抗器冲击放电
　试验电压、电流波形
　（图）…………173
阳极饱和电抗器的等效电路
　模型（图）…………171
阳极饱和电抗器非线性
　饱和特性曲线（图）……170
阳极饱和电抗器铁心材料
　选择…………171
阳极饱和电抗器铁心结构
　及间隙选择…………172
影响感应电压波形系数的
　原因………… 38
织构………… 12
质量分数………… 14
中频超薄取向硅钢综合
　性能评估方法…………137